図解即戦力

豊富な図解と丁寧な解説で、
知識0でもわかりやすい！

食品業界のしくみとビジネスがこれ1冊でしっかりわかる教科書

松岡康浩
Yasuhiro Matsuoka

竹田クニ
Kuni Takeda

技術評論社

はじめに

食べることは、私たちの生きる源であると同時に、生きる楽しみでもあります。日本は独自の伝統的な食文化を有しており、「和食」がユネスコ無形文化遺産に登録されるなど、世界からも注目され、日本を訪れる外国人の多くが日本の「食」を楽しみのひとつに挙げるほどです。

一方で日本では、ヨーロッパ、アジアをはじめとした世界中の料理を楽しむことができます。ファストフードはもとより、本場で修業した料理人が営む本格的な各国料理のレストランがあります。特筆すべきは、もともとは海外から来た料理が日本で独自の進化を遂げた料理です。カレーライス、ラーメン、ギョーザ、すき焼きや、とんかつなどの「洋食」も含まれるかも知れません。これらは「日本食」として外国人にも認知され、「和食」を含め、海外の日本食レストランの数は増加しています。

食品関連産業は、私たちの食生活を支えるのみならず、人々の健康を担う重要な産業です。農林水産省によると、2017（平成 29 ）年における農業・食料関連産業の国内総生産（国内生産額から中間投入を差し引いた付加価値額）は55 兆 1,933 億円であり、これは、国内総生産（名目GDP）の 10.1％を占めています。前年に比べて2.1％の成長率を示しているものの、近年、その産業構造は大きく変わりつつあるのが現状です。人々のライフスタイルの多様化、少子高齢化、グローバル化などの社会情勢の変化により、様々なタイプの新製品の登場、外食企業の興亡と中食市場の伸張など激動と呼べる時代となっています。そんな中で、食の安全安心を揺るがす事件も過去起こりましたし、水産資源の枯渇や、貿易の自由化の潮流における国内農業のあり方などは、避けては通れぬ課題です。

本書では、食品関連産業に関心があり就職を考えている学生や社会人の方、すでに携わっている方を対象に、食品関連産業を広い視点から俯瞰し、それぞれの業界のしくみや現状および従事している方の職務について解説したものです。私たちの食生活がより安全安心で豊かになるように考えるきっかけになれば幸いです。

松岡康浩・竹田クニ

CONTENTS

Chapter 3

農畜水産業のあらましと仕事

Chapter 4

食品製造業の種類と特徴

Chapter 5
食品製造業の仕事内容

Chapter 6

食品流通業のあらましと仕事

Chapter 9

食品業界の課題と将来

第1章

食品業界の最新動向

食品業界は私たちの生活にかかわりの深い業界で、身近な存在といえるでしょう。そんな業界について、社会の変化の中でどう対応してきたか、今後社会とどうかかわっていこうとしているのか、見ていきましょう。

社会の変化と食品業界①

少子高齢化がもたらすもの

出生率の低下と老齢人口の増加は、食生活を大きく変えると考えられています。このような変化により、食品産業も新たな対応が迫られています。

少子高齢化の現状

日本は、出生数の低下による若年層の減少の影響で、2009年から人口減少へと転じ、さらに65歳以上の人口増加により超高齢社会へと突入しました。日本の産業の強みであった終身雇用、年功序列の雇用形態から、成果主義の人事考課、非正規従業員の増加という変化が起こっています。これにより将来の生活への不安が生まれ、若齢層の非婚化、晩婚化、出生率の低下が生じています。高齢層においては医療の発達と介護保険など社会保障の充実による平均寿命が延長しており、これに伴い、単身世帯、２人世帯が増加し、食生活も大きく変化しています。

暮らしによって変化した食事スタイル

高度経済成長期（1960年代～73年）は、核家族化が進み、帰宅時間がまちまちで一緒に夕食を取る時間が取れず、さらにそれぞれの食の好みに応じてばらばらのメニューを食べる「個食（個人食、個別食)」が問題化しました。バブル期（1985～91年）から現代においては、さらに世帯人数が減少し、２人世帯、単身世帯が増えています。このような世帯では、１人で食事をする「孤食（孤独食)」が増えました。単身世帯用のアパートが多い地域では、彼らが利用するコンビニエンスストア（CVS）が増えていきます。

超高齢社会の中での食品

高齢になると噛んだり飲みこんだりする力が低下する場合があります。そのため、食事を柔らかくする、ペースト状にするなど

個食
好きなものばかり食べて栄養が偏ったり生活習慣病につながったりする可能性がある。

孤食
食事時間がばらばらであったり、スマートフォンなどに見入って会話がない場合にも起こる。

誤嚥
飲食物や唾液が誤って咽頭と気管に入ってしまうこと。高齢者に多い。

特別用途食品
乳児の発育や、妊産婦、授乳婦、嚥下困難者、病気の人などの健康の保持・回復などに適するという特別の用途について表示された食品。乳児用調製粉乳、とろみ調整用食品、低たんぱく質食品など。消費者庁の許可が必要である。

年齢別人口数と高齢化率の変化

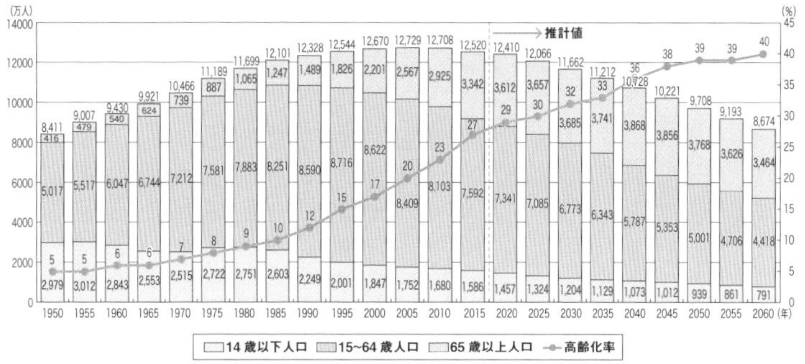

出典：2015年までは総務省「国勢調査」（年齢不詳人口を除く）、2020年以降は国立社会保障・人口問題研究所「日本の将来推計人口（平成24年1月推計）」（出生中位・死亡中位推計）

世帯人員別に見た世帯数の構成割合の推移

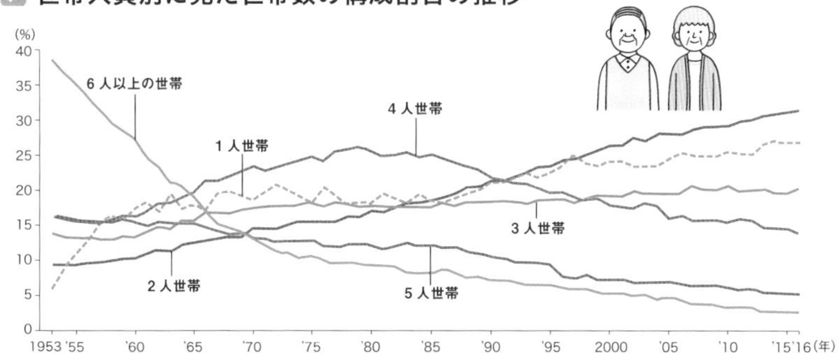

出典：厚生労働省「国民生活基礎調査の結果からグラフでみる世帯の状況」(2018年)

で飲み込みやすくした嚥下《えんげ》困難者食や、肺炎につながる恐れがある誤嚥《ごえん》を防ぐ目的で普通の食事にとろみをつける食品が開発され、特別用途食品として介護食などで利用されています。

買い物難民の発生

経済の成長とともに地価が上昇し、居住地域の郊外化が進みました。1970年代以降、自家用自動車の保有率が増加し、いわゆるモータリゼーションにより郊外型ショッピングセンターが増え、それまでの駅前商店街が廃れていきました。車を持たない高齢者は、商店街が廃れると日々の買い物に不自由します。これは買い物難民と呼ばれ、「食料品アクセス問題」として2000年代に問題となりました。インターネットの発達により、ネットスーパーや外食店から自宅への配達のみを行うサービスも見られます。

モータリゼーション
自動車が社会と大衆に広く普及すること。

自宅への配達
飲食店からの出前だけでなく、さまざまな飲食店と提携して食料品を配達する出前館、Uber Eatsのようなサービスが出現した。

Chapter1
02

社会の変化と食品業界②

食品消費の変化

1970年代以降、ファストフードの登場や単身者の増加により外食産業が発展しましたが、1990年代後半より消費者が節約志向へと傾いたことから中《なか》食《しょく》が発達します。外食と中食の発展を合わせて「食の外部化」と呼びます。

生活の変化を受け、内食から外食へ

高度経済成長期までは、家庭内で調理し家族そろって食事を取る内食《うちしょく》というスタイルが主流でした。また同じころ外国料理店をはじめ、さまざまな飲食店が増えました。特に1970年の大阪で開催された日本万国博覧会を境に、ファミリーレストランやファストフード店が食生活の変化に大きな役割を果たします。食が西洋化したこと、勤労者の一日の就労時間が長くなったこと、若い世代の単身生活者が増加したことなどのライフスタイルの変化に合い、外食産業は急速に伸張しました。

戦後、外食産業は拡大

日本の外食産業は、室町時代の門前茶《もんぜんちゃ》屋《や》、江戸時代のすし、そばなどの振り売りや屋台、その後の飯《めし》屋《や》や料亭から始まったとされています。明治から昭和初期には、伝統的なすし、うどんのほかにも、カフェや洋食店が庶民にもなじんでいきました。

戦後、チェーンシステムの展開により、外食はさらに身近になりました。チェーンシステムは、ファミリーレストランやハンバーガーショップ、牛丼、すし、ラーメンなどのファストフード、アイスクリームショップ、コーヒーショップで採用され、同じ店名ならどこの店でも、均一なメニューと値段で食事をすることができるという特徴があります。

ファミリーレストラン
大人を対象としたフランス料理店などの専門レストランに対し、子どもを含めた家族向けのメニューをそろえた比較的客単価が安いレストラン。チェーンシステムを取っている場合が多い。

ファストフード
注文から提供までの時間が短く、手早く食べることができる食品。ハンバーガーや牛丼などがある。

チェーンシステム
複数の店舗を展開運営するビジネスモデルで、各店舗の名称、構成、営業時間、接客は共通化されている。店舗を束ねる本部が、仕入れ、商品開発、宣伝広告を行う。本部企業が店舗を運営する直営店と、本部企業とは別のオーナー企業が店舗経営を行うフランチャイズ店がある。小売業、外食産業で見られる。

内食・中食・外食の定義

		喫食場所	
		家庭内	家庭外
調理場所	家庭内	内食	（手作り弁当）
	家庭外	中食	外食

外食産業と中食産業の市場規模の推移

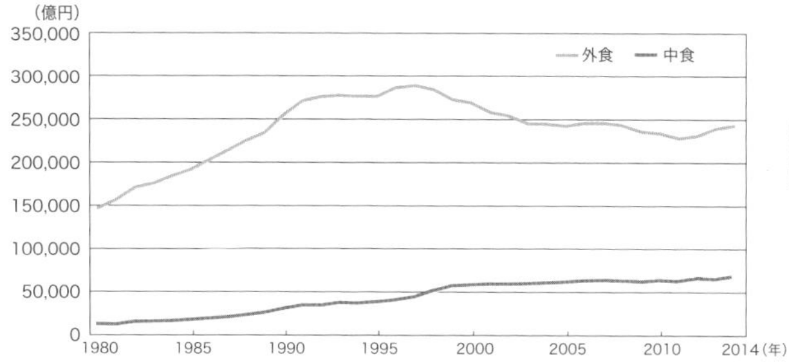

出典：公益財団法人 食の安全・安心財団

中食への支出が拡大傾向

料理店で出されたメニューを持ち帰る「料理品小売」業はもともと外食産業として分類されていました。しかし、1960年代以降の核家族化、1980年代以降の2人世帯や単身世帯の増加、また、それまで家事を担っていた主婦、女性の就労による社会進出により、食事の準備の簡便化、時短のニーズが増加します。1980年代から、惣菜やおにぎり、持ち帰り弁当の専門店やスーパーやコンビニエンスストアでの販売が伸張したことから、これらを中食《なかしょく》と呼ぶようになりました。

中食は、外部で調理された食品を家や職場に持ち帰って食べることとされています。こういった中食の市場規模は2018年度で約7兆9,000億円、中食以外の外食は約25兆8,000億円となっています。外食への支出の伸びがバブル経済の崩壊により抑えられたのに対し、中食の支出は継続的に増加する傾向が続いています。2019年の消費増税により、外食への課税が10%なのに対して、中食へは軽減税率８%が適用されることから中食支出への影響が考えられます。

軽減税率

飲食料品と定期購読契約している新聞（週２回以上発行）に適用されている。CVSで購入した場合、持ち帰るなら軽減税率、イートインを利用するなら標準税率が適用される。ケータリングは標準税率だが、学校給食や有料老人ホームでの飲食料品の提供は軽減税率。なお酒類は標準税率である。

消費者の健康志向と保健機能食品

長寿社会を迎え、人々の健康への関心は高まっています。国民が健康であることは、個人個人が幸せであるだけでなく、社会保障費の抑制につながり、社会にとっても望ましいことです。

人々の健康意識は高い

調査会社ジェイアール東海エージェンシーが実施した「ビジネスパーソンの「健康意識」に関する調査」（2017年）によると、健康を意識している人は全体で約82％、年齢が上がるにつれて高まる傾向にあります。マイボイスコムの「健康意識に関するアンケート調査」（2019年）では、健康のために取り組んでいることとして「食生活」を挙げた人が６割近くと最も多い結果でした。同社の2017年の調査では、効果がありそうな食品として最も多く挙がったのがサプリメント、ついで特定保健用食品でした。

サプリメント
明確に定義はないが、一般に、健康に役立つ特定の成分が濃縮された健康食品で、錠剤やカプセルに入ったものを指す。

特定保健用食品
有効性、安全性などの科学的根拠を示して、国の審査のもとに消費者庁の許可を受けた食品のことを指す（P.104）。

食品で社会保障費を抑制する

社会保障費は年々増加し、国の財政を圧迫し大きな問題となっています。国民の栄養状態の改善と医療の発達により平均寿命が延びたため、年齢とともにがん・脳卒中・心筋梗塞といった生活習慣病になる人が増え、医療費が膨張しています。自己負担金以外の医療費は健康保険の給付金によって賄われますが、企業・国にかかわらず、保険制度の疲弊は進んでいます。ここに介護保険給付など、高齢化に伴う社会保障費が加わるため、社会保障費を抑制するための動きをこれ以上先送りできなくなっています。

健康増進法と保健機能食品の役割

医療費、介護費の増加を食い止めるためには、病気にならなければよいということになります。しかし、生物学的に加齢に伴う疾病や生理機能の低下は避けられませんので、できるだけ病気の

通販健康食品の市場規模推移

出典：「2019年 健康食品の通販事業戦略調査」

リスクを下げ健康な状態でいられることが重要になってきます。このような観点から、国民が目指すべき健康の目標として2000年に「健康日本21」が策定され、これを推進するための法律として2002年に健康増進法（**8-06**参照）が制定されました。

健康日本21では食生活、運動・たばこ・アルコールに関する70項目の目標値が設定され、健康増進法では、「特定保健用食品」が特別用途食品の一つとして定義されました。その後ビタミン・ミネラルなどの微量栄養素の表示が「栄養機能食品」として認められ、2015年に「機能性表示食品」（P.104）が食品表示法（**8-07**参照）で規定されました。これらを保健機能食品と呼びます。

健診で食生活指導をする

2006年には特定検診・特定保健指導が始まりました。これは生活習慣病がメタボリックシンドロームと関係が深いことから、メタボリックシンドロームの疑いが生じた時点で運動を推奨し、脂っこい食事や炭水化物を避けるなど生活習慣を改める指導を行うことにより、肥満を抑えリスクを低減しようとする試みです。

保健機能食品
一定の機能性を表示できる特定保健用食品、機能性表示食品、栄養機能食品の３種類が食品表示法で定められている（**4-21**、**8-07**参照）。

メタボリックシンドローム
内臓肥満に高血圧・高血糖・脂質代謝異常が組み合わさり、心臓病や脳卒中などの動脈硬化性疾患をまねきやすい病態。

リスクを低減しようとする試み
その一つが糖質制限。特定保健指導において、糖尿病の患者は、糖質の多い食事を摂取すると血糖値が上昇するため、炭水化物が多いパンや麺類を避けるよう医師や保健師などから指導される。そのため「糖質オフ」や「糖質カット」のビール風飲料やカップ麺、パスタなど、「ロカボ（Low carbohydrate：低炭水化物）食品」が開発され、市場が拡大してきている。

Chapter1
04

グローバル化と食料自給率

輸送機器の発達により、国々をまたぐヒトやモノの行き来は活発になっています。国際的に関税を撤廃する自由貿易へと向かう流れの中で、私たちの国の食について考える必要があります。

日本の食料自給率は低い

　私たちの国で消費される食料のうち、国内で賄える比率を表したものが「食料自給率」です。食品を熱量で換算したものを「カロリーベース総合食料自給率」といい、2018年度で37％とここ数年横ばいですが、先進国の中では最下位です。一方、食品を価格で換算したものが「生産額ベース総合食料自給率」で、同年度66％でした。品目別（重量）自給率は、米97％、小麦12％、大豆６％、野菜77％、果実38％、食肉55％、魚介類59％でした。

　食料自給率は食料安全保障にもかかわります。食料自給率が低い状態が続いていると、気候変動による不作や国際情勢の影響を受けて輸入が滞るなどした場合に、私たちの国の食料事情に悪影響を及ぼす可能性があります。

品目別（重量）自給率
米、小麦など品目別に単純に生産重量で計算された自給率。

世界の食文化や料理による食のグローバル化

　私たちは、食のグローバル化によりハンバーガーショップなどのファストフードを含め、世界各国の料理を楽しめます。書物やテレビ番組、インターネットで紹介される食文化や料理法を学べますし、外国の料理人が来日したり外国で修業した日本人が日本でレストランを開くことも増えています。また、チェーンレストランの経営方法などのビジネスモデルの導入も、グローバル化の一つです。

輸入食品も多様化

　食料自給率の低下は、グローバル化と密接な関係があります。パンや麺類の原材料である小麦は米国、カナダの２カ国で輸入全

ベース別食料自給率の推移

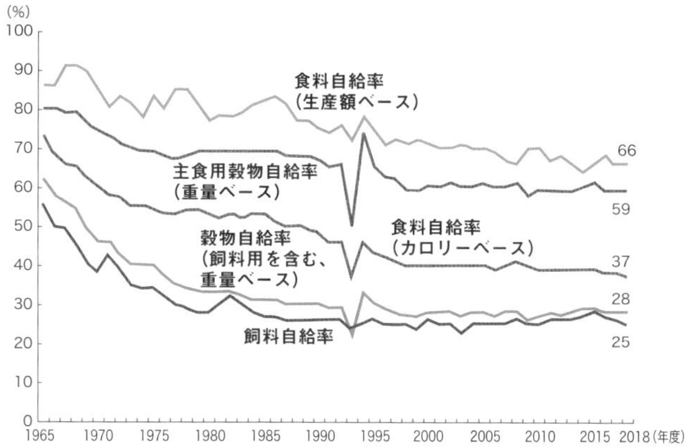

出典：農林水産省「食料自給率とは」

品目別輸入額と輸入国内訳

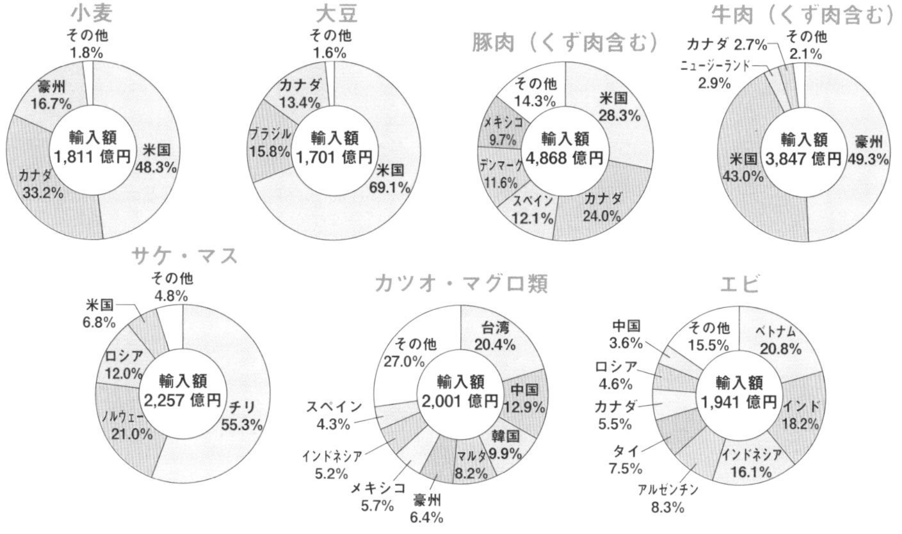

注：小数点以下第2位を四捨五入しているため、合計しても必ずしも100とはならない。
出典：農林水産省「農林水産物輸出入概況2018年」

体の80％を占めています。豆腐、味噌、醤油、食用油の原材料である大豆は米国から約69％、牛肉はオーストラリア、米国から、豚肉は米国、カナダ、スペイン、デンマークから輸入しています。サケ・マスはチリ、ノルウェーなど、エビはベトナム、インド、インドネシアなどと輸入元が多様となっています。

Chapter1
05

食の輸出による食産業の活性化

世界各国から食品が輸入されている一方、日本の農業にはさまざまな課題があります。農水産物を含めた国産食品の海外への輸出が増加すれば、食品産業の活性化が期待できます。

主食である米の保護政策

日本人は米を主食としてきたため、稲作は重要産業となっています。戦後の食料不足を解消するために、国が米の生産・販売を管理する「食糧管理法」（P.178）で稲作を保護振興してきましたが、次第に米余りが進み、今度は「減反」で米の生産調整をするという政策を2018年まで行ってきました。米の消費量は、1961年から2016年までの57年間で1人当たりの消費量は約半分まで減少しています。これに加え、コストが安い外国産米が輸入されると米産業が打撃を被るとして、日本政府は輸入米に対して高関税（玄米1kg当たり341円）をかけ、国内の米農家を保護しています。

減反
生産計画を上回る場合、農家が作付しない代わりに補助金が国から支給される制度。

日本の食品輸出は増加している

どちらかというと米以外の農水産物は輸入も多いのですが、近年、徐々に食品の輸出が増えてきており、2018年には輸出額が9,000億円を突破しました。輸出相手国は、香港・中国・台湾・韓国などアジア圏で約4分の3を占め、次いで米国・EUとなります。輸出品目を見ると、水産食品が約33％、農産物加工食品が約34％です。水産物ではホタテ貝、真珠、サバ、ナマコなど、加工食品は清酒などのアルコール飲料、調味料、清涼飲料、菓子などです。農産物ではりんご、緑茶、畜産物では牛肉などが健闘しています。米はまだ上位に入っていませんが、日本食の人気により輸出は年々増加しています。

米の年間1人当たり消費量の推移

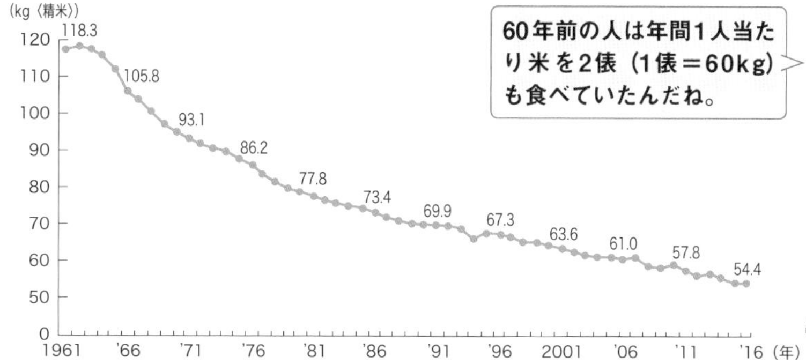

出典：農林水産省「食料需給表」

農林水産物・食品の輸出量の推移

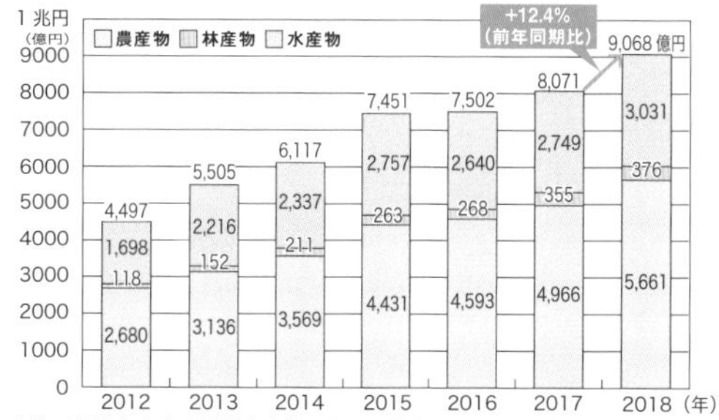

出典：農林水産省「農林水産物・食品の輸出に関する統計情報」

食品輸出増加のための取り組み

食品輸出の際に強い後ろ盾となるのが、**地理的表示**（GI：Geographical Indication→ P.27）**保護制度**です。2014年に始まった日本のGI登録は2019年現在、夕張メロン・神戸ビーフ・八女伝統本玉露など89品目となっています。

食品輸出に際しては、相手国の文化にも配慮する必要もあります。特に宗教的な理由から特定の食品を禁忌としている国や地域は多く、例えばイスラム教では豚が禁忌とされます。豚以外でも、イスラム教の戒律に則って処理された**ハラル**認証の肉しか受け入れられません。ユダヤ教でも、同様にコーシャ認証があります。

地理的表示保護制度
特定の地域で受け継がれたノウハウに従って生産・加工・調製された農林水産物・食品およびそれらのブランドを知的財産として登録することで保護する制度。

ハラル
イスラム教で、「食べてもよい」ものを指す。野菜・果物・穀物、動物性食品でも、卵や乳製品（牛乳、ヨーグルト、バターなど）はハラル。豚肉は禁忌だが、牛・鶏・羊は戒律に従って処理されていればハラルになる。

食品業界を取り巻く環境①

Chapter1
06

労働力の不足から省力化へ

日本の労働人口は、少子高齢化により減少しています。産業全体で人手不足が問題となっていますが、年中無休・24時間営業のコンビニや深夜営業の飲食店など、特に外食、小売業で顕著です。

労働人口の減少に伴い人員確保が困難に

出生率の低下による若年労働人口の低下は、女性の社会進出や高齢層の労働継続により、ある程度補われていますが、総労働人口はじわじわと低下しつつあります。政府は外国人労働者の受け入れ促進、働き方改革など、さまざまな政策を打ち立てています。食品業界では農業の後継者不足、工場の作業員、小売業（CVS）・外食産業（ファストフード、居酒屋系）の店員確保が課題となっています。

農業における省力化の試み

代々、農家は相続により農地を継承してきましたが、高度経済成長期以降、後継者不足とそれに伴う農業従事者の高齢化により、農作業が行えなくなり耕作をしない「**耕作放棄地**」が増えてきています。

耕作放棄地
農林水産省によると、我が国の耕地面積は2018年は467万haで長期的に減少傾向が続いている。

政府は耕作放棄地の集約化を進めています。稲作を例にとれば、このような耕作放棄地を集約して大規模化することで、トラクターや田植え機、コンバインなどの大型農業機械で農作業を助けられます。近年では、**ICT**を駆使した無人運転の農業機械が出現しています。センサーやドローンで気候や生育状況を監視したり収穫ロボットが実用化されるなど、効率化、省力化が進み人手不足の解消が期待されます。このような農作業の進化を「スマート農業」といいますが、システムが高価なため、普及途上にあります。

ICT
Information and Communication Technology。情報通信技術のこと。パソコンやセンサー、AIなどをつなぎ、農業でも活用が進んでいる。

労働人口の推移

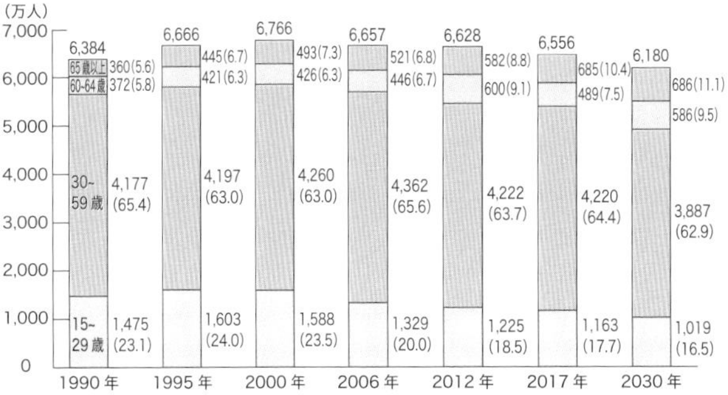

注 1.(　)内は構成比。
　2. 推計値については、概数で表示しているため、各年齢区分の合計と年齢計は必ずしも一致しない。
出典：1990、1995、2000、2006年は総務省統計局「労働力調査」、2012年以降はJILPT「平成19年労働力需給の推計」

食品製造業、食品小売における省力化

食品工場は装置産業であり、省力化が進んでいます。近年ではセンサー技術やロボット技術の発達で、人手、人目がほとんど要らなくなったところもあります。スーパーマーケットはもともと、セルフサービス、レジでの精算を導入した画期的な業態でした。近年ではバーコードリーダーを備えたPOS端末やキャッシュレス決済、セルフレジによりさらに省力化が進んでいます。

売り場面積が小さいコンビニエンスストア（CVS）では、すでに最少人数で運営している状況です。CVSで深夜シフトの従業員が確保できなければ、終夜営業ができなくなります。実際、時短営業を巡って、フランチャイザー（本部）とフランチャイジー（オーナー）との軋轢が表面化したチェーンもあり、人手不足は深刻化しています。

コンビニの各チェーンは人手不足に対応するために、省力化、さらには無人店舗化を試みています。クレジットカードやスマホ決済のような電子マネーのみのキャッシュレス店舗はすでに存在し、セルフレジによる無人店舗は試験営業中です。中国では顔認証で決済ができるCVSが出現し、米国ではスマホを持って入り、あとは商品を棚から取り出していくだけ、というAmazon GOのような無人店舗が営業を開始しています。

POS端末
従来のレジスターにバーコードスキャナーなどを付加したもの。金銭登録以外に商品の種類・数、販売の時刻を伝達するなど、売り上げや在庫を管理するためのシステム（Point of Sales：販売時点情報管理）の端末。

キャッシュレス決済
現金を用いない決済方法。クレジットカード、デビットカード、プリペイドカードのほか、スマホ決済として、スマートフォンのクレジットカード機能、スマートフォンでQRコードを読み取るなどがある。

セルフレジ
精算の際に、店員が端末を操作して商品を読み取り決済するのではなく、客が自分で商品をスキャンし決済できるようにしたレジスター。

電子マネー
広義では、キャッシュレス決済に用いる決済方法すべてだが、一般にはクレジットカード以外の即時決済機能のものをいう。

Chapter1
07

食品業界を取り巻く環境②

環境への課題

食は私たちの生存に欠かせません。持続可能な開発目標（SDGs）の観点から、生産、加工、流通、消費において、地球環境に対する影響にも配慮しなければなりません。

食料確保のために森林が伐採されている

地球の陸地面積の30%を占める森林（2015年現在）は、二酸化炭素を吸収し、酸素を排出するという重要な役割を果たしています。ところが近年、急激にその面積が減少しています。その原因の一つに、焼き畑や、パーム油採取用のアブラヤシを植林するための熱帯雨林の開墾があります。先進国や環境保護NPOなどは熱帯雨林がある国々と一緒に、環境への影響を低減するための法律や認証制度を定めることで、減少を食い止めようとしています。

SDGs
Sustainable Development Goals。2015年に国連本部で開かれたサミットで決められた、国際社会共通の目標。飢餓の解消、健康、環境など17ある。

アブラヤシを植林する
熱帯植物であるアブラヤシは、スマトラ島やボルネオ島の熱帯雨林を切り開いて植林（プランテーション）される。

環境保護NPO
開墾をコントロールするために、RSPO（持続可能なパーム油のための円卓会議）が2004年に設立された。パーム油の生産と利用をめぐるさまざまなメンバーが、パーム油の持続可能な生産と利用を目指して活動している。

環境負荷に関する指標

食のグローバル化により、食料や食品原材料の輸出入が増えています。輸送のためにトラック、船舶、航空機が使われますが、これらは地球温暖化の原因の一つである二酸化炭素を排出します。輸送距離が長いほど、二酸化炭素の排出量が増えます。「フードマイレージ」は、食料の輸送量と輸送距離を掛け合わせた指標（単位：t・km）です。日本のフードマイレージは、先進国の中で1位です。その土地でできたものをその場所で食する地産地消を行えば、フードマイレージは低下します。

また、動物の飼育や植物の栽培には水が必要です。水資源が豊富な日本では深刻にとらえられてきませんでしたが、乾燥しがちな国では水問題は深刻です。「バーチャルウォーター」は食品が出荷されるまでに使われた水の量を示す指標です。食品の輸入に際しては、海外の原産国での水も私たちの国のために使用されていることを考えなければなりません。

各国の輸入食料のフードマイレージ比較

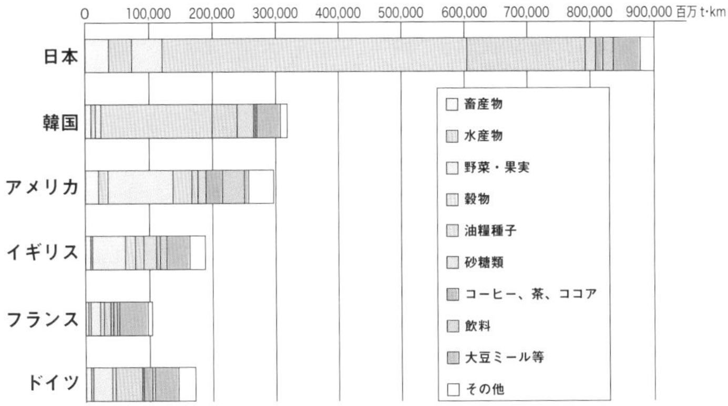

出典：中田哲也『フード・マイレージ［新版］』（日本評論社、2018）

ISO14000の運用

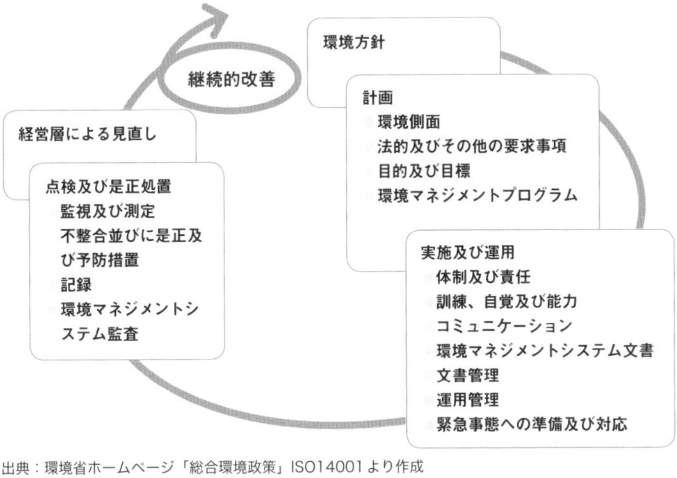

出典：環境省ホームページ「総合環境政策」ISO14001より作成

環境に配慮した取り組みの規範

食品産業では、機械産業に比べて環境への負荷は少ないのではないかと思いがちです。しかし、例えば地球温暖化に関与する温室効果ガスは、冷蔵庫、冷凍庫の冷媒に用いられるフロンや、輸送や食品製造の加熱などの際に排出される二酸化炭素があり、環境へ影響を与えています。工場や事業所で事業活動を行う際に、環境に配慮した規格であるISO14000を取得する企業も増えてきています（2020年1月現在17,892件）。

温室効果ガス
気候変動につながる地球温暖化をもたらす大気中の気体。太陽からの光で暖められた地球の表面から地球の外に向かう赤外線の多くが、これらの気体に熱として大気に蓄積されるため、気温が上昇すると考えられている。石油などを燃焼すると発生する二酸化炭素が3/4を占め、冷凍庫の冷媒として使われるフロン類も温室効果ガス。

ISO14000
環境マネジメントシステムと呼ばれ、大気汚染や二酸化炭素排出、廃棄物などの環境課題に対して、事業者が行動を起こしていくための規範。

食品業界を取り巻く環境③

食料資源への対策

日本では人口減少が問題となっていますが、世界的には人口が激増しています。このため、食料資源の確保が課題となっています。

農産物資源の安定供給に向けた動き

農作物は農地で栽培するため、日本では台風や寒暖などの気象条件の変化で不作となり、食料不足が起こる可能性があります。自然災害に対しては、人間による対策に限界があることも現実です。このため、どのような気象条件でも収穫が可能な植物工場が出現しています。

植物工場は、密閉された施設の中で温度・湿度・水・栄養・光を最適にコントロールすることにより農産物を栽培するシステムで、高品質な農作物を安定的に収穫できる利点があります。多くのベンチャー企業が参入しはじめており、現在はレタスなど限られた種類の野菜の生産しか行われていませんが、今後拡大していくと考えられます。

植物工場
閉鎖的または半閉鎖的な空間で、栽培の全部もしくは一部に機器を利用して内部環境などを制御することで、季節を問わず計画的な植物・野菜の栽培を可能にするシステム。各種センサーと連動したLEDライトや自動給水装置など、ICTによる省力化が図られている。

農産物の品種保護に向けた動き

日本では農作物に関して、外国品種を導入し盛んに品種改良を進めていた時期もありました。植物や動物の品種を遺伝資源といいますが、1993年に生物多様性条約、2013年に食料・農業植物遺伝資源条約が締結され、植物・動物・微生物などすべての遺伝資源の品種改良への利用にルールが設けられました。

一方で、品種改良の結果、ブランドとして認知されたブドウやイチゴなどの種苗が、海外に流出し栽培されている事例も報道されています。現在では特産品を類似品から守るために、品種登録や原産地保護表示を各国が行うようになってきました。日本では農作物の海外での品種登録を農林水産省が支援したり、和牛受精卵の国外持ち出しの禁止措置を取っています。2015年には、地

生物多様性条約の概要

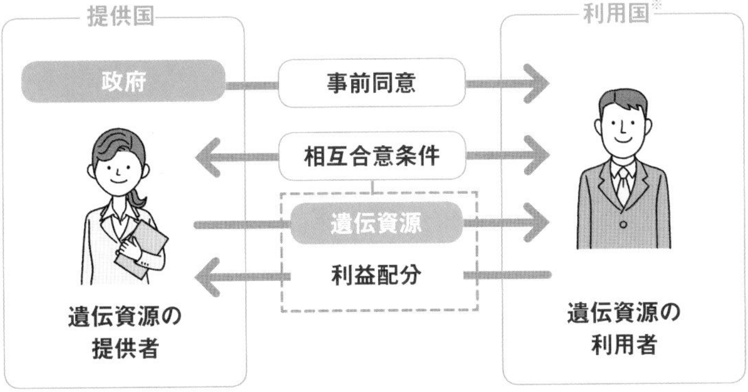

※利用国の政府は、国内の遺伝資源の利用者と提供国の事前同意や相互に同意する条件の締結のために必要な、行政上、政策上の措置を取ったり、遺伝資源の適切な利用などをチェックするための機関を指定したりするなどの役割がある。
出典：農林水産省

理的表示（GI）保護制度に基づくブランドの登録が始まり、神戸ビーフや夕張メロンなどをはじめ、登録数が増加しています。

地理的表示（GI）
その生産地や品質等の基準を国に登録し、基準を満たしたものだけが「地理的表示」の使用を認められるという制度。2015年に登録が始まり、2020年5月現在、95品目が登録されている。新しく登録されたものには、いぶりがっこ、大栄西瓜、比婆牛、豊島タチウオ、大鰐温泉もやし、三瓶そばなどがある。

水産資源の確保と保護に向けた動き

漁業は本来、海洋や河川に生息している魚介類を漁獲するもので、私たちの国では歴史的に漁業が盛んでした。しかし、近年乱獲や他国での魚介類の消費が増大したために、ある魚種は漁獲量が激減しました。日本人が好むクロマグロやウナギはその代表で、国際NGOである国際自然保護連合（IUCN）により絶滅危惧種に指定されました。

資源回復の対策として漁獲量の抑制があります。これには漁業者や各国の合意が必要となりますが、それぞれの利害が絡むため困難が伴います。もう一つの有効な対策として、養殖があります。クロマグロ、ウナギとも回遊魚で生態が解明されていなかったため、これまで親魚が産んだ卵をかえして生育させ、再び卵を産ませる完全養殖は技術的に困難でした。産学での協同研究の結果、完全養殖がほぼ確立し、クロマグロは商業化が可能となりました。将来は、野生動物を家畜化した畜産業のように、魚介類も養殖が主流になるかも知れません。

COLUMN 1

食におけるユニバーサルデザイン

すべての人にとって食べやすくあるために

容器・包装された加工食品が増えるにつれ、消費者の利便性に配慮するものが増えてきました。女性、子ども、高齢者など含めたすべての消費者が気持ちよく使えるように設計された容器、または食品がユニバーサルデザインと呼ばれています。

例えば、初期の缶詰は、蓋を缶詰本体にかしめただけであったため、開けるのには缶切りが必要でした。缶切りの扱いには力やコツが必要で、女性や子どもには難しいものでした。そこで、プルタブと呼ばれる金属のリングをひっぱることで容易に蓋を開けることができるイージーオープン缶（イージーオープンエンド）が開発されました。飲料の缶では、飲み口の部分を開口する際に、タブが分離せず蓋に付いたままとなるステイオンタブが環境問題から主流となっています。

また、握力が弱い高齢者や女性からの、瓶やPETボトルのキャップが開けにくいというニーズに対して、直径の大きなキャップにしたものや、切り口をわかりやすくしたレトルト食品、開けやすくミシン目を入れた紙箱なども、食における代表的なユニバーサルデザインです。

表示に関しても、小さな文字で細かく印刷されたものではなく、わかりやすく調理方法や内容が理解できるように工夫されたものも出てきています。

介護分野で進むユニバーサルデザインフード

日常の食事から介護食まで幅広く利用できるように、食べやすさに配慮して作られているのが、ユニバーサルデザインフード。レトルト食品や冷凍食品などの調理加工食品をはじめ、飲み物や食事にとろみをつける「とろみ調整食品」などが代表的です。

日本介護食品協議会が制定した規格に適合した食品には、ユニバーサルデザインフードマークを記載することができ、消費者は安心して自分に合った商品を手に取ることができるようになりました。

第2章

食品業界を構成する各業界のあらまし

食品業界は社会情勢や消費者の生活様式の変化にも影響を受け、大きな転換期を迎えています。農畜水産業から加工、流通、小売、それらを総合的に行う６次産業までを見ていきましょう。

Chapter2
01

私たちの国の食生活の特徴

私たちの国には伝統的な食文化と外国からの食文化が混在しています。またライフスタイルの多様化により、グルメ、健康志向、簡便化が進んでいます。さらに、安全安心を求める消費者も増えています。

経済や生活が食生活に及ぼす影響

1980年代のバブル期には、フランス料理、イタリア料理などの高級レストランが増えたり、中華料理やインド料理、東南アジアなどのエスニック料理を含め、グルメブームが起きたりしました。和食においても、国内旅行ブームにより日本各地の郷土料理が知られるようになります。

低経済成長に入ると節約志向が顕著になりました。グルメブームからの高級ワインなどがもてはやされる一方で、ファストフード店の低価格メニューや、スーパーマーケットおよびコンビニエンスストアの**プライベートブランド（PB）**の強化、ディスカウントストアの増加という現象も起きています。

世帯にも変化が起きています。単身世帯や2人世帯、共働き世帯では、食事の準備にかける時間が少なくなりがちです。そのため、持ち帰り弁当や持ち帰り惣菜などの中食（P.15）や、調理済み冷凍食品、インスタント食品などの簡便食の市場が伸びています。

企業側は、容器を開けてすぐ食べられるものをRTE（ready to eat)、温めるだけで食べられるものをRTH（ready to heat)、調理しやすいようにカットや下ごしらえをしてあるものをRTC（ready to cook）商品と呼んでいます。１食分の調理に必要な食材をセット（ミールキット）にして宅配する食材宅配サービスに参入する企業も相次いでいます。

プライベートブランド（PB）
小売業者や卸売り業者が企画開発から携わったブランドのこと。自社の物流網を使用したり、認知度を高めるための広告費が不要なことから経費が抑えられるため、低価格が実現できる。

健康や安全への意識の高まり

健康な状態で長生きするためには、生活習慣病にならないことが重要です。健康に対する意識の高まりから、低カロリー食をは

世帯の変容で食生活も変わる

主な食品の品質に関する近年の事故事例

1990年	井戸水から病原性大腸菌O157に感染・発症。 ※その後も、現在まで野菜や生肉からの感染事故が起きている。
2000年	乳飲料から黄色ブドウ球菌毒素に感染・発症。
2002年	ほうれん草から基準値を超える残留農薬が検出される。
2008年	中国で冷凍ギョーザに農薬が混入される。
2013年	飲食店で原産地の偽装が発覚。
2014年	チキンナゲットなどに賞味期限切れの鶏肉が使われていたこと、 衛生管理のずさんさが発覚。 カップ焼きそばへの異物混入が発覚。

じめとするさまざまな健康食や**スーパーフルーツ**、サプリメント、ダイエット食が出現しています。

一方、食中毒や異物混入は、時に命の危険となります。そのため食の安全を確保することは、食品産業にとって大前提です。しかしながら現実には、食中毒事件や異物混入事件などは、規模の大小を問わず現在でも起こっています。こういった安全にかかわる問題に対しては、技術的、生産体制的に対処する取り組みがなされています。

また、パッケージに表示された**賞味期限**やメニュー原産地が偽装される事件も起きています。このような事態は消費者の信頼を損なうものであり、一度失った信頼を取り戻すことは簡単ではありません。これは消費者にとって安心の問題であり、正しい情報を表示することは企業のモラルにかかわります。

スーパーフルーツ
美容やアンチエイジング、健康効果が高いフルーツのこと。アサイー、アボカドなどがある。

賞味期限
袋や容器を開けずに表示された保存方法を守った場合に、その年月（3カ月以上のものは日を省くことができる）まで品質が変わらずおいしく食べられる期限のこと。一方、消費期限はその年月日まで安全に食べられる期限のこと。

食品業界のなりたち②

食品産業の発展と変容

日本の食品産業は貨幣経済が浸透し、海外の食文化や加熱処理技術などの保存加工技術が導入された明治以降、発展しました。太平洋戦争後の高度経済成長期からさらに多様化してきました。

戦前まで：近代的な製造業の始まり

米
加賀100万石などというように、土地の価値も米の生産量で表されていた。

江戸時代までは武士の俸禄なども米を単位として支払われていたように、日本は長らく米中心の流通システムでしたが、海産物を江戸や上方に運ぶ海上交通や、重要な調味料である醤油醸造も産業として確立していきました。明治時代に西洋の文化が入ってきて以降、洋食店やカフェなど外食産業が普及しました。また瓶詰・缶詰といった食品保存技術も導入され、これらの技術を利用する近代的な食品製造業が興ります。

高度経済成長期：大量消費への適応

第二次世界大戦後、食料難のため食料の配給制度や粗悪な食品を供給する闇市などの混乱期を経て、日本の食品産業は徐々に成長へと転じます。即席麺などのインスタント食品が出現し、人々の生活が豊かになるにつれ、冷凍冷蔵庫や電子レンジなどの家電も普及します。

コールドチェーン
コールドチェーンは、冷凍食品の売り上げを伸ばしただけでなく、鮮度を保ったまま輸送したり海外へ輸出したりすることも可能にした。

流通でも、低温流通を意味する**コールドチェーン**が整備され、冷凍食品の売り上げが伸張します。また米国から、スーパーマーケットやコンビニエンスストア、ファストフードなどのビジネスモデルが導入され広く日本に広がり、大量消費時代へ突入しました。

バブル経済期以降：価格競争、企業の統合

スーパーマーケットは、食品メーカーが開発・販売するナショナルブランド（NB）に対して、原価を抑えて売価を安く設定するため、販売店側が生産委託により原価を抑えたプライベートブ

調理や保存に関する耐久消費財の普及率

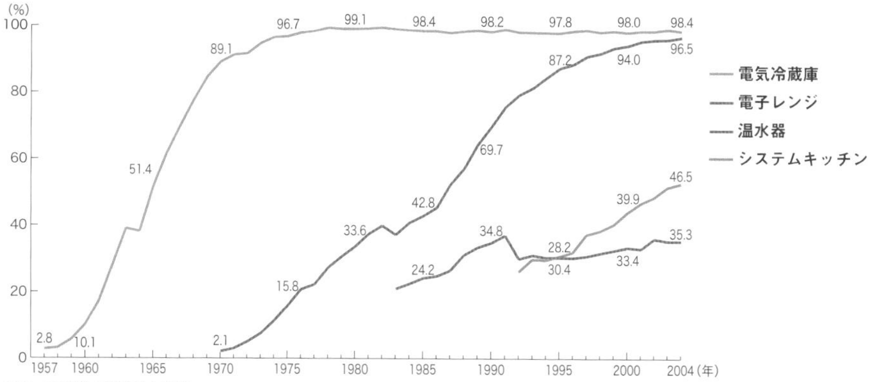

出典：総務省「消費動向調査」

主なPB商品の例

イオングループ

- トップバリュ セレクト　最上質
- トップバリュ グリーンアイ　安全安心
- トップバリュ ベストプライス　低価格

セブン&アイ・ホールディングス

- セブンプレミアム ゴールド　最上級
- セブンプレミアム フレッシュ　作り立て
- セブンフレッシュフード
- セブンカフェ

ファミリーマート

- ファミリーマートコレクション
- プラチナライン　高付加価値
- レギュラーライン　低価格

西友

- みなさまのお墨付き　消費者テスト70%以上支持
- きほんのき　低価格

ランド（PB）を1970年代に開発しました。現在は、多様な消費者ニーズに細かく対応した高品質なPB食品を開発する試みがなされています。

食品製造業においては、1980～90年代の円高と、小売店の**バイイングパワー**の圧力により、製造工場の海外進出が相次ぎました。現地に工場を建設し、東アジアの安価な労働力を使い現地で加工した農産物農や水産物を輸入するほうが、国内で製造するよりも安く調達できるというビジネスモデル「開発輸入」です。

バイイングパワー
多店舗展開、大型店舗などを背景とした大きな購買力や仕入れ力のこと。
価格破壊が起き、販売店側が価格決定権を持つようになった。バブル経済が崩壊した1990年代以降人々の節約志向が進み、行き過ぎた価格戦略はかえって小売店側の収益を圧迫した。

ところが、2000年代に入ると、残留農薬が基準値を超えた輸入冷凍野菜が見つかるなど、食の安全安心にかかわる問題が頻発します。またこの時期、東アジア諸国の経済発展により人件費も上昇し、開発輸入のメリットが薄れてきたこともあり、2010年代後半以降、消費者の国産食品への回帰が起こっています。

Chapter2
03

食品業界のなりたち③

食品が消費者に届くまで

収穫、漁獲された農畜産物や水産物はそのまま、または加工され、卸売業者や小売店などを経て消費者に届きます。この流れをフードシステムといいます。近年はこの流れも多様化してきています。

農作物は生産者から農協へ

一般的に野菜・果実は生産者から農協に渡り、卸売市場で競《せ》りにかけられ、スーパーや八百屋、飲食店へ至る経路が主流です。近年、その経路は約６割にまで減り、生産者・農協と大手スーパー・外食チェーンが卸売市場の内外で直接取引したり、生産者が消費者へ直接販売したりなど、複数の経路があります。米についても、「生産者→農協→卸売業者→販売店」という経路以外に、各段階で直接取引される流通経路もあります。

畜産物はいくつもの段階を踏んで消費者へ

食肉は、畜産農家が育てた家畜を屠《と》畜場または食肉センターで屠殺解体し、食肉市場で値段が付けられます。この後は食肉問屋からスーパーや肉屋、飲食店へ至ります。このほか、加工メーカーでハムなどに加工され、卸業者から小売店で販売される経路もあります。

牛乳は、酪農家から指定生産者団体→乳業メーカーへと流通します。値段は**指定生産者団体**と乳業メーカーとで交渉して決めます。最近では、指定生産者団体を通さず、中堅乳業メーカーと直接値段を決める酪農家も出てきました。

鶏卵は、農家からGP（Grading and Packaging）センターに集められ、大きさなどで選別されて卸業者を通じて販売店に並びます。

指定生産者団体
生産者（酪農家）と乳業メーカーの間で、生乳（搾乳したばかりの乳）を一元集荷し、乳業工場へ多元配荷する機能を持った団体のこと。「加工原材料乳生産者補給金制度」に基づき、全国に10団体ある。重要な役割として、酪農家を代表して乳業メーカーとの間で生乳の値段を決める入荷交渉を行うことと、政府からの補助金等を配分することがある。2018年、法律の改正により、指定団体を通さなくても補助金を受け取れるようになった。

フードシステムのイメージ

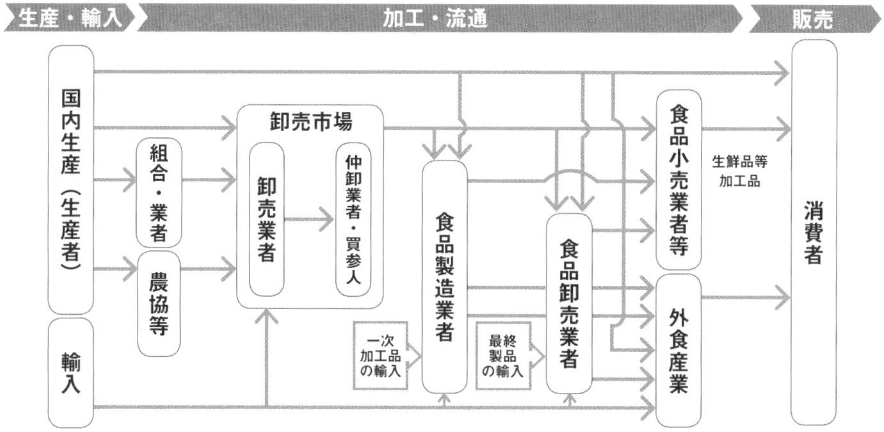

出典：農林水産省「食品製造業をめぐる情勢」平成29年5月より作成

水産物は産地と消費地で競りにかかる

漁業者から国内漁港で水揚げされた魚介類は、隣接の産地卸売市場で競《せ》りにかけられ、大都市の消費地卸売市場でさらに競りにかけられます。競り落とした仲卸業者が小売業者や飲食店に販売します。近年では、大手小売店が直接競りに参加したり、**相対《あいたい》取引**で直接交渉することも増えてきています。

相対取引
競りや入札ではなく、売り方と買い方が直接交渉する方式。スーパーマーケットなどの量販店のバイヤーとの大口取引で行われることが多い。

加工食品は仕入れ・加工・卸

加工食品は、小麦粉、魚介類の干物、缶詰、インスタント食品、清涼飲料など、25種類（**4-01**参照）に分類されます。種類によって異なる場合がありますが、共通したフードシステムとしては、食品加工・製造業者が、農畜水産物を卸売市場や直接取引で購入し、加工・製造して、容器包装を行います。そして食品工場から出荷された加工食品は、食品問屋を経由して、小売店や飲食店に卸されます。

Chapter2
04

市場規模と構成①

農畜水産業のしくみ

これまで農畜水産業は、農家・畜産農家・漁師など個人で営む業態が多い状況でしたが、現在では日本の一次産業が抱える課題の一つとして、少子高齢化による担い手不足があります。

主食の米や野菜・果物を供給する農業

米、小麦などの穀物は、ご飯やパンなどの主食となり、炭水化物の供給源です。野菜は果物とともにビタミン類、ミネラル類、食物繊維が豊富で副菜として食されます。種類が多く、収穫される季節もさまざまなのが特徴です。そのため、米を栽培する米農家、野菜を栽培する野菜農家、果物を栽培する果樹農家などに分かれています。畜産を含めた農業の総産出額は9兆558億円（農林水産省「農業産出額及び生産農業所得」2018年）で、約168万人（農林水産省「農業労働力に関する統計」）が従事しています。

主にたんぱく質、脂質の供給源となる畜産業

畜産とは、たんぱく質および脂質の供給源である家畜を飼育し肉や乳、卵を食品として供給することです。日本では牛・豚・鶏が主な家畜です。江戸時代まで、**牛・豚**は仏教の影響で一般には食されておらず、明治時代以降に興った比較的新しい産業です。牛は、肉を得るための肉牛農家（総産出額7,619億円、2018年生産農業所得統計）と、牛乳を取るための酪農家（同7,474億円）があります。養豚農家（同6,062億円）は肉を得るため、養鶏業は肉専門の採肉養鶏（同3,608億円）と、卵専門の採卵養鶏(同4,812億円)に分かれています。

牛・豚
日本は海に囲まれているため魚食が一般的であったことと、仏教で殺生が禁止されていたことから、明治まで四つ足の動物の肉食は普及しなかった。鶏肉は二本足なので食されており、イノシシやシカなどの狩猟肉は例外的に消費されていた。

古くからたんぱく質を提供してきた水産業

海や湖川で自然に生息する魚や貝、藻類などを採取する、伝統的な産業です。日本人は古来より、たんぱく質源としてきました。

農業の産出額・面積の推移

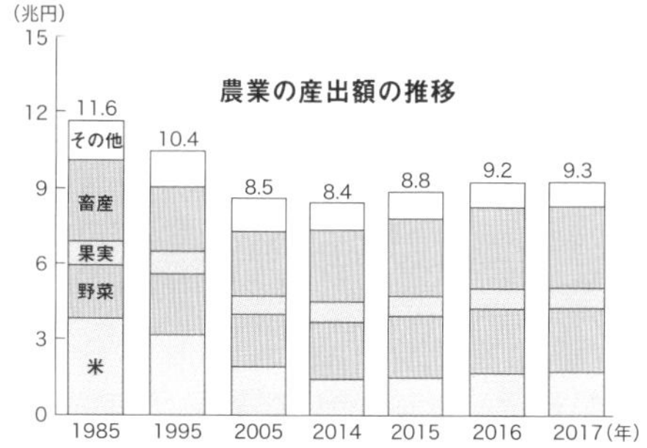

出典：農林水産省「生産農業所得統計」

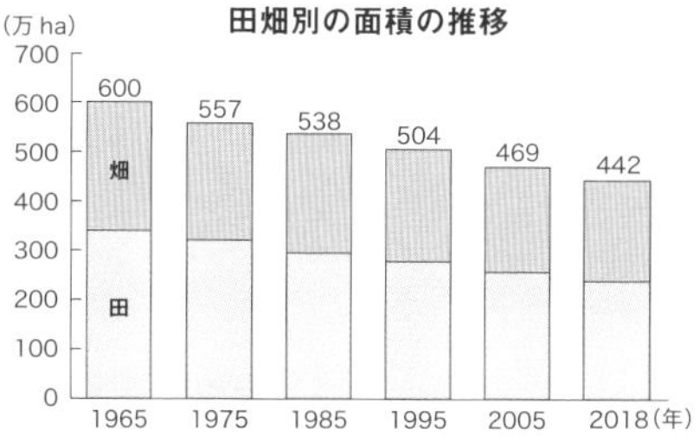

出典：農林水産省「耕地及び作付面積統計」

畜産業者の規模・数・飼育数の推移

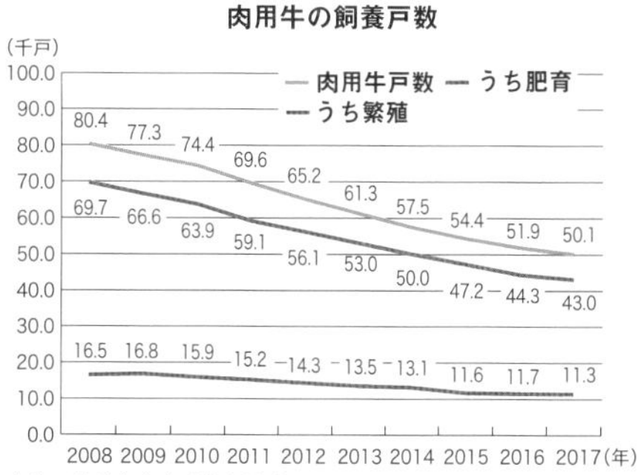

出典：農林水産省「畜産統計」

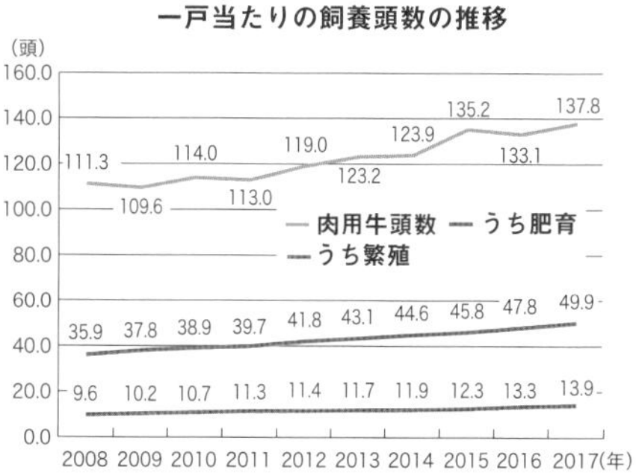

漁業の分類別漁獲高の推移

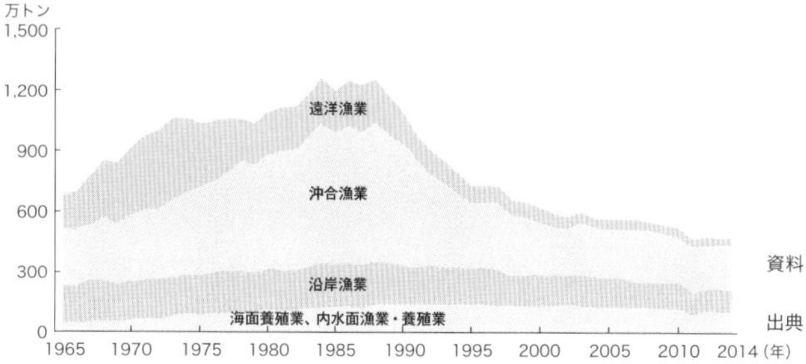

資料：農林水産省「漁業・養殖業生産統計」等に基づき水産庁で作成
出典：水産庁「水産白書」

海では沿岸・近海（沖合）・遠洋漁業に分かれ、順に漁船の大きさや従事者の数、出漁日数などの規模が大きくなっていきます。近年では、養殖業が盛んになってきました。**200海里問題**以降、日本から遠洋漁業の割合が減り、代わりに外国漁船が漁獲したものを輸入する割合が増えています（**3-04**参照）。農林水産省によると、2018年の漁業産出額は1兆5,334億円で、約15万人が従事しています。

200海里問題

現在、沿岸漁業と沖合漁業は、日本の領海（沿岸から12海里＝約22km）と200海里（約370km）水域内で行われている。各国が200海里を設定するようになり、遠洋漁業が難しくなった。

市場規模と構成②

食品製造業のしくみ

食品製造業には、農畜水産物を一次加工する素材型製造業（B to B：企業間の取引）と、これらを原材料として最終製品を加工製造する加工型製造業（B to C：消費者へ販売）があります。

食品製造業は中小零細企業が9割以上を占める

食品製造業の特徴として、中小企業、零細企業が全体の99%を占めていることが挙げられます。「2018年工業統計」（経済産業省）では、従業員4人以上の事務所数が24,263、300人以上の大企業が629となっています。**農産加工品**製造業も中小規模、個人経営の企業が多く存在します。

また、製造しているものが主に企業間取引になる素材型製造業、消費者向けの最終製品に加工する加工型製造業に分類されます。両方を製造しているメーカーもあり、この分類は厳密ではありません。

農産加工品
漬物、佃煮、乾燥野菜、冷凍野菜や豆腐、納豆、豆乳などの大豆製品など。

製造額アップ、海外への輸出額もアップ

経済産業省の「工業統計」によると、食品製造業の生産額（出荷額）は2000年の35兆1,150億円から2018年の39兆4,680億円と増加しています。これは、簡便ニーズに対応した冷凍食品など付加価値の高い加工食品の製造が増えたためと考えられます。

しかしながら少子高齢化により、国民1人当たりの1日の食品消費量（**供給熱量**換算）は1996年の2,670Kcalから2014年には2,415Kcalと年々減少傾向にあります。いずれ日本の人口減少により、国内市場の縮小が予想されます。このため国内メーカーでは、大手を中心に海外市場への進出を積極的に進めるところが出てきました。調味料、アルコール飲料、清涼飲料など幅広い品目で、香港などアジアや米国へ約2,258億円を輸出しています。輸出だけでなく、海外に製造工場を建設したり、企業買収（M&A）などで現地のメーカーを傘下に入れるなどして、海外での売上比率を増加させる動きがあります。

供給熱量
消費した各種食品の重量をエネルギー（カロリー）に換算して合計したもの（農林水産省「食料需給表」）。

食品製造業の事業規模の推移

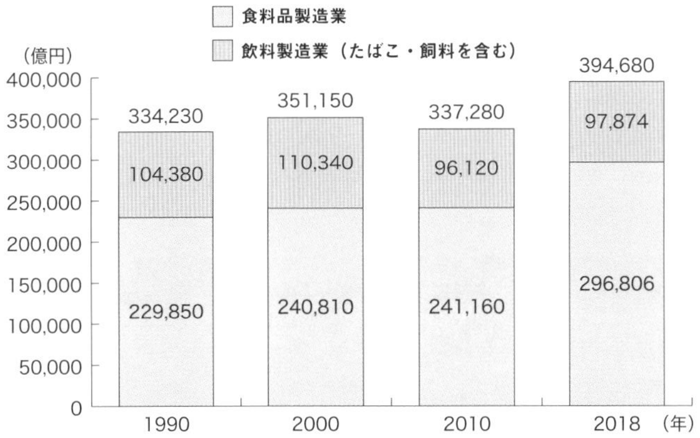

出典：経済産業省「工業統計」

食品産業にかかわる事業者の海外の現地法人数

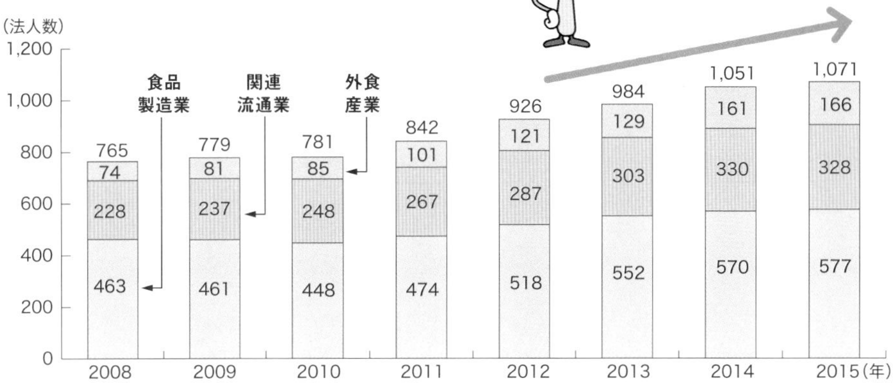

資料：東洋経済新報社「海外進出企業総覧2016」（2015年10月時点）を基に農林水産省作成
出典：農林水産省「食料・農業・農村白書（2016年度）」

Chapter2
06

食品流通業のしくみ

食品は、農畜水産物がそのまま、または何らかの形に加工され、輸送に適した形で包装されて実店舗やインターネット上の店舗に並び、消費者の手に渡ります。この流れを流通といい、それを担うのが食品流通業です。

産地と小売店をつなぐ卸・商社

経済産業省の経済センサス（2016年）によると、飲食料品卸売業の事業所数は法人個人を含めて70,613か所、従業員数は772,054人、販売額は88兆8,965億円です。海外から輸入される農畜産物、加工品を扱うのは輸入商社、メーカーと小売業を取り持つのが食品問屋または卸です。生鮮食品を扱う卸売市場も流通業です。これらを中間流通ともいいますが、食品を集める「集荷」、小分け販売する「分荷」の機能を持っています。

総合商社・専門商社
総合商社の食料品部門や多彩な食料品を扱う食品専門商社と、特定の食料品に特化した専門商社がある。

マーチャンダイジング
売れる品揃え、売れるしくみを考えること（P.141参照）。

総合商社の食料部門は、農水産物の調達や海外での販売業者との橋渡しなど幅広い領域で活躍しています、ワイン、チーズ、中華食材など限られた領域の食品を扱う**専門商社**もあります。

問屋流通は、一次卸、二次卸と複数の問屋を経由することがあり、問屋を通さず小売業とメーカーとの直接取引が主流になるといわれていましたが、現在は、消費者ニーズを基に商品提案（**マーチャンダイジング**）を行う機能は、食品問屋の重要な役割となっています。

卸売市場は、青果物（野菜、果実）、食肉、水産物の生鮮３品を扱い、大都市の中央卸売市場や近郊都市の地方卸売市場で、生鮮品を小売業者や飲食店に販売しています。

最終消費者へとつなぐ小売店

経済センサス（2016年）では、飲食料品小売業の事業所数は、法人個人を含めて299,120か所、従業員数は3,012,432人、販売額は41兆5,663億円です。小売業は、消費者のさまざまなニーズに応えて多品種の商品を仕入れる「品揃え」と、少量ずつ販売

産地から消費者へ食品が届くまで

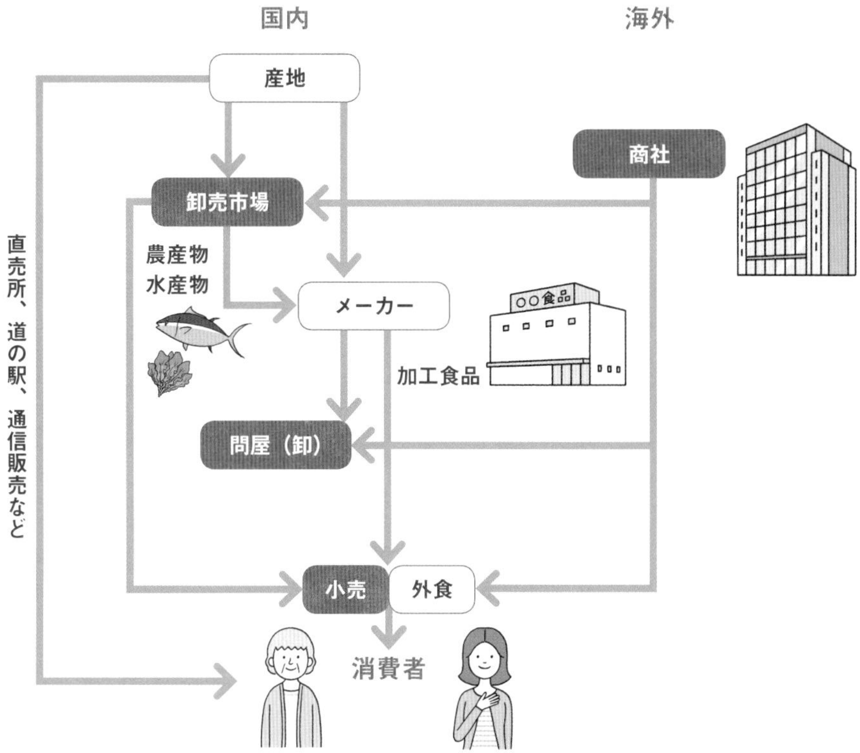

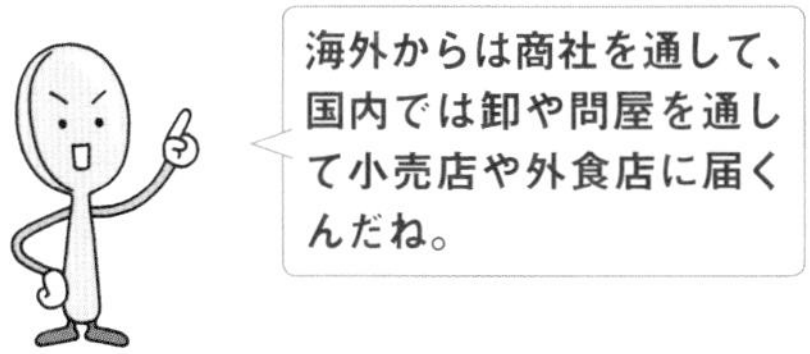

する「小売」の機能を持っています。

スーパーマーケットやコンビニエンスストアなどの店舗販売では、消費者の簡便化ニーズに応え、インスタント食品や冷凍食品、惣菜などの中食の取り扱いが増えています。

一方、インターネットや宅配流通の発達により、通信販売といった無店舗販売も増えてきています。通信販売業者のほか、大手チェーン店が通信販売を手掛ける例もあり、消費者は利便性に合わせて多くの買い物の選択肢から選ぶことができるようになりました。

Chapter2
07

市場規模と構成④

外食産業のしくみ

外食産業は「サービス業」であり、他の食品産業である「生産者」「メーカー（食品製造業者）」「卸」とは異なる特徴を持っています。

外食産業の市場規模

外食産業は、外食（飲食店）約25兆円（2017年）、中食（惣菜店、コンビニエンスストア、スーパーなど）で約8兆円から成る業界です。これはサービス産業の中でも最大の規模です。

1997年をピークに、市場規模はやや漸減傾向にありますが、近年では（2015年以降）インバウンド（訪日外国人）が2018年には3,000万人を超えるなど、10年で4倍に急増することによって外食市場は25兆円水準を維持しています。

中食を含む外食産業の分類と業態

外食産業	食事主体	和食料理店	飲酒主体	居酒屋
		中華料理店		バー、バル、ワインバー、ビアホール、パブ
		レストラン、食堂、ダイニング、洋食店		カラオケボックス
		フレンチ・イタリアン料理店		スナック、ナイトクラブ、キャバレー
		アジアン料理店	軽食主体	ファストフード
		その他の各国料理店		牛丼、カレー等、一品もの専売業態
		焼肉、ステーキ、ハンバーグ等の専業店		立食のラーメン、うどん・そば業態
		お好み焼き、鉄板焼き等の専業店		喫茶店・カフェ
		すき焼き、しゃぶしゃぶ、鍋、おでん等の専業店	宿泊施設	ホテルや各種会場
		ファミリーレストラン、回転すし等		旅行・出張先のホテルや旅館
		ラーメン、そば、うどん、パスタ、ピザ等の専業店	給食	社員食堂、病院、高齢者施設など
中食産業	惣菜店、弁当店、コンビニエンスストア、スーパーマーケットなど			

従業員規模別の企業数

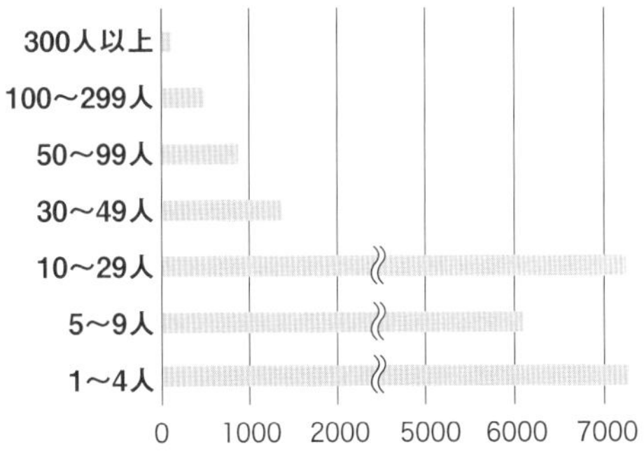

出典：経済産業省「経済センサス」（2016年）より筆者作成

外食・中食産業の市場規模

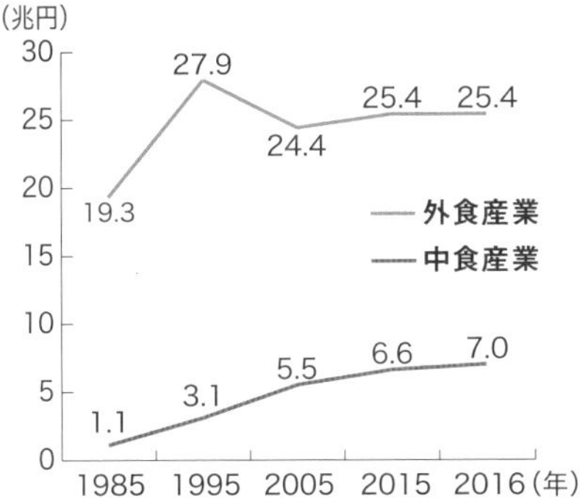

注：外食産業の市場規模には中食産業の市場規模は含まない。
中食産業の市場規模は、料理品小売業（弁当給食を除く）の数値。

出典：一般社団法人日本フードサービス協会調べ

外食上場企業の業績（2018年度）

（単位：百万円）

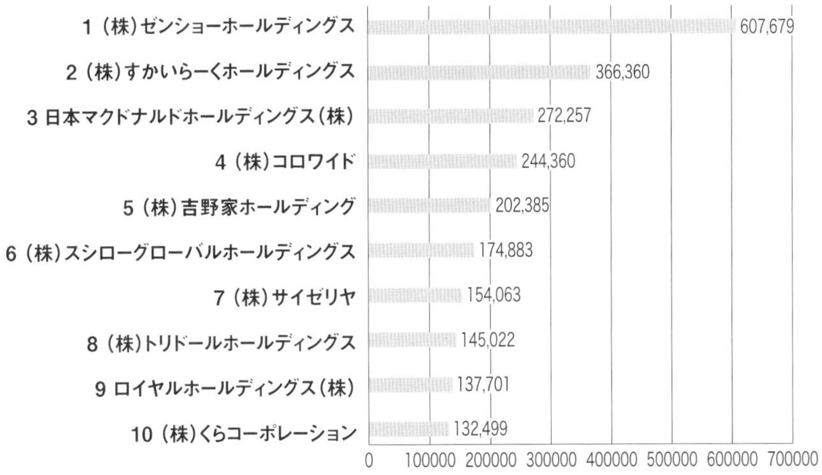

出典：フードビジネス総合研究所「外食上場企業ランキング」

外食産業は小規模企業が多いことが特徴

外食産業の中で、中食を除いた飲食店を経営する企業を一般的には外食企業と呼びます（狭義の外食産業）。外食企業には個人店から大企業までさまざまな規模の企業が存在しますが、小規模企業が全体の多くの割合を占めていることが特徴です。一般的には、従業員数が30名以下の企業が全体の90％以上を占めているといわれています。

COLUMN 2

バズマーケティング

不特定多数から特定の消費者へ

広告の手法として、新聞や雑誌、チラシ、ラジオ放送、戦後になるとテレビコマーシャルとさまざまなメディアが発達してきました。これらは不特定多数に向けたマス広告ですが、インターネットの発達により、特定の消費者を対象としたネット広告が勃興してきました。

さらに、SNSの発達により、人為的にクチコミを発生させて商品やサービスの特徴や感想などを周りに広めていくマーケティング手法、すなわちバズマーケティングが大きな影響力を持つようになりました。有力ブロガーやインフルエンサーと呼ばれるインスタグラムやツイッターのフォロワー数の多い人に商品を試してもらい、良い評判を拡散させることで話題の喚起を期待するものです。このような現象は「バズる」と言い表されるようになりました。特にインスタグラムは若い女性がフォローしていることが多く、インスタ映え（写真映え）する商品は「バズり」やすいことがあります。

新しい手法ならではの問題点も

食品業界の企業もSNSにアカウントを持ち、投稿キャンペーンなどを仕掛けて、双方向のコミュニケーションの手段としても活用しています。例えば、2013年に江崎グリコが行ったツイッターキャンペーンは、11月11日にポッキー＆プリッツの日にちなみ、ツイッター上で「ポッキー」という言葉を含むツイート数をカウントするというものでした。結果は目標の200万ツイートを大幅に上回り371万ものツイートが集まったそうです。

しかし、インフルエンサーが企業の依頼を受けていることを意図的に隠して発信したり、一般消費者になりすました関係者が書き込んだりするステルスマーケティングが、2018年頃から社会問題となってきました。消費者に不利益を与える懸念があるとして、景品表示法（P.188）に抵触しているとはいえないものの、消費者庁が問題視しています。

第３章

農畜水産業のあらましと仕事

いわゆる１次産業と呼ばれる農畜水産業は天候など環境の変化を受けやすい業界です。従事者の減少や後継者問題なども深刻です。一方、生産だけでなく加工・販売まで一元化して行う６次産業という新しい業態も生まれています。この章では、それら農畜水産業の概要を見ていきましょう。

Chapter3
01

食材生産を担う農畜水産業

私たちは、基本的には植物や動物といった生物を食料としています。これらを農産物や水産物として生産し、市場に供給する重要な役割を果たしているのが、農林水産業です。一次産業として分類されます。

貿易自由化で競争力強化を目指す農業

農家は、伝統的に田畑を子に継続し、農作を続けてきました。しかし高度経済成長以降、給与所得者が増えたことや、天候による不作などによる農作業の厳しさと所得の不安定性さなどの理由で、**後継者不足**が進んでいます。耕作放棄地の増加については先の章で述べたとおりです（P.22）。

後継者不足
農業従事者は2000年には389.1万人だったものが2019年には168.1万人と減少している（出典：農林水産省「農林業センサス」「農業構造動態調査」）。

米は日本人の米離れにより需要と供給のバランスが取れなくなり、2017年に生産および販売の自由化が行われました。米の自給率は97％（2018年）ですが、世界的な貿易自由化の流れで、安い外国米の流入危機に直面しています。野菜や果物の自給率は減少傾向にあり、いずれも競争力を付ける必要があります。

大規模化で効率アップを図る畜産業

肉牛生産や酪農も後継者不足に直面しています。このため農家数は徐々に減少していますが、牛肉・牛乳の生産量は横ばいまたは微増しています。一戸当たりの飼養頭数を増やす大規模化によって経営の効率化を図る動きがあります。

養豚と養鶏でも大規模化、会社組織化が進んでいます。平均すると、養豚業は一戸当たり1,000頭を超える豚を、養鶏業では3万6千羽以上のブロイラーを飼育しています。

養殖による水産物資源の確保に進む水産業

大型船で船団を組んで外洋まで出かける遠洋漁業ですが、1970年代の、**200海里**問題で大手水産会社が撤退しました。そのため

200海里
P. 52参照。

日本標準産業分類による農畜水産業の種類

農業（畜産を農業に含める）

耕種農業

- 米作農業
- 米作以外の穀作農業
  （麦、雑穀、豆など）
- 野菜作農業
  （果菜、葉菜、根菜など）
- 果樹作農業
- ばれいしょ・かんしょ作農業
- 工芸農作物農業
  （なたね、葉たばこ、生茶など）
- その他の耕種農業
  （飼肥料、苗木など）
- 花き作農業

畜産農業

- 酪農業
- 肉用牛生産業
- 養豚業
- 養鶏業
  （ブロイラー養鶏、鶏卵生産）
- その他の畜産農業
  （馬、めん羊、やぎなど）
- 養蚕農業
- 畜産類似業
  （実験用動物飼育など）

漁業

漁業

- 海面漁業
  （底びき網漁業、まき網漁業、採貝・採藻業、捕鯨業など）
- 内水面漁業

水産養殖業

- 海面養殖業
- 内水面養殖業

日本の漁業は、漁獲量で見ると近海漁業が最も多くなりました（2-04参照）。

近海漁業は主に会社経営、沿岸漁業は主に個人経営で行われています。近海漁業ではサンマやイカの漁獲量が近年減少しており、漁業資源の枯渇が心配されています。そこで注目されているのは養殖業です。現在ではさまざまな魚種が養殖されていますが、今後、マグロなどの高級魚の養殖に多くの企業が参入すると予想されます。

Chapter3
02

農畜水産業のあらまし②

稲作から果樹までの耕種農業

植物を栽培して農作物を得るのが耕種農業です。稲作農家・野菜農家・果樹農家などに大別されます。営農形態としては、農業のみに従事する専業農家と他の職業と兼務する兼業農家があります。

従来型農業から新しい農業の形態へ

稲作は、水を張った田でうるち米を栽培する水稲《すいとう》がほとんどで、その味わいから人気が高いコシヒカリのほか、ひとめぼれ、ゆめぴりかなどのブランド米が開発されており、稲作農家はより付加価値の高い品種を栽培するようになってきています。

野菜の自給率は比較的高く、生産量で見る品目別自給率は2018年で77%です。野菜は栽培品目が多く、日持ちのしない生鮮食品です。季節によって収穫できる品目も異なり、畑でそのまま育てる露地栽培、ビニールハウスの中で育てる施設栽培などさまざまな栽培方法があります。個人営農が多いですが、法人化や**6次産業**化などの形態が出現しつつあります。植物工場は、光・水分・気候といった環境を人工的に制御することで**安定的に**収穫が得られることが特徴です。近年ではコスト面で改善が進み、病気や汚染のない安全な野菜が実用化しています。大きな設備投資が必要なため、農業以外の企業も参入しています（**1-08**参照）。

果樹農家は果樹を育て結実する実を得るため、ほぼ1年に1回の収穫となります。リンゴ・ミカン・モモ・ブドウなどさまざまな果物がありますが、いずれも露地栽培がほとんどで台風などの自然環境の影響を受けやすいといえます。しかし品種改良や丹精込めた栽培で、イチゴ（**果実的野菜**）や青森県のリンゴなど、日本の果実は海外でも評価が高く、輸出量も年々増えています。

6次産業
1次産業（農林水産業）と2次産業（製造業）、3次産業（小売業など）を統合した産業のこと。1×2×3=6なので6次産業という（P. 54参照）。

安定的に
近年、異常気象により露地栽培の野菜の供給は不安定になっている。

果実的野菜
樹になる果実ではなく1年で成長して収穫できるものは野菜に分類され、その中でもイチゴやメロンなどは果実的野菜とされている。

法人化への動きと農協の役割

近年では農業の組織化（法人化）が進みつつあります。農業法人には農事組合法人と農地所有適格法人があります。農事組合法

主要な野菜

	葉茎菜類	果菜類	根菜類	果実的野菜	その他野菜	出荷量（2016年産）
指定野菜（14品目）全国的に流通し、特に消費量が多く重要な野菜	キャベツ レタス ホウレンソウ ねぎ たまねぎ はくさい	きゅうり なす ピーマン トマト	だいこん にんじん ばれいしょ さといも			928万トン（78%）
特定野菜（35品目） 地域農業振興上の重要性等から指定野菜に準ずる重要な野菜	こまつな ふき ちんげんさい みつば セルリー にら しゅんぎく アスパラガス カリフラワー にんにく ブロッコリー わけぎ らっきょう みずな みょうが	かぼちゃ さやいんげん スイートコーン そらまめ えだまめ さやえんどう グリンピース にがうり ししとうがらし オクラ	かぶ ごぼう れんこん やまのいも かんしょ	イチゴ メロン スイカ	ショウガ 生シイタケ	204万トン（17%）
その他特産野菜（43品目）	芽キャベツ うど もやし 等 モロヘイヤ	とうがん 等	くわい ラディッシュ 等		カイワレダイコン マッシュルーム しそ 等	56万トン（5%）

出典：農林水産省「野菜生産出荷統計」、「地域特産野菜の生産状況」、「特用林産物生産統計調査」より作成

人は、個人営農者が何人かで出資し、機械や作業場を整備していく形態です。農地所有適格法人は株式会社などの形態を取り、農業従事者を社員として雇用し、作業分担や福利厚生があります。スマート農業（P.200）や、省力化のための機械やITを導入するための投資により、さらに大規模化・効率化による競争力のある農産物の生産が見込まれます。

農協は、農家を支援する目的で設立されました。農家が必要とする農業資材や機械、種や生産物の販売委託、保険などの共済、貯金・融資などの金融機能も持っています。近年ではその土地の農産物の差別化や産業としての育成といったマーケティングに取り組む農協も増えてきました（**3-06**参照）。

Chapter3
03

農畜水産業のあらまし③

家畜から乳や卵・肉を採る畜産業

日本人が肉を食べ始めたのは明治以降と比較的新しい産業です。欧米からの技術を取り入れながら発展してきました。

大型化が進む酪農業

日本における酪農とは**乳牛**を飼育し牛乳を得る産業です。本州の酪農家は主に飲用乳、北海道では加工乳（P.87参照）や飲用乳を生産しています。放牧で飼養している農場もありますが、本州ではほとんどが牛舎飼いです。最近では搾乳の機械化が進み、無人システムもあります。搾乳された生乳《せいにゅう》は、タンクローリーでクーラーステーションへと出荷されます。北海道では大規模化が進んでおり、会社組織で運営しているところもあります。

乳牛
日本では飼育されている乳牛の99%が乳量の多いホルスタイン種で、残りは乳脂肪の多いジャージー種、乳たんぱく質の多いブラウンスイス種である。

繁殖と飼育に分かれる肉牛農家

和牛とは褐毛《あかげ》和種など４品種ですが、**霜降り**（サシ）に優れる黒毛和種が和牛の約９割を占め、神戸ビーフや松坂牛などのブランド牛として高値で取引されます。そのほか、去勢した乳牛（ホルスタイン）の雄仔牛や、和牛と乳牛の１代雑種（F1）は、国産牛と表示されます。

母牛に種付けし仔牛を産ませて仔牛を販売する繁殖農家と、繁殖農家から仔牛を購入して30カ月ほど育てて食肉市場に出荷する肥育農家に分業化されています。大規模な肥育農家は法人化しているところもあります。

肥育農家は、優れた霜降りの血統を持った仔牛を競り落とし、餌やストレスのない飼養環境など工夫しながら、A4やA5ランクの霜降り牛を目指して育てます。外国人にも高い人気を得ている一方、国民の健康志向により、安価で脂身の少ない赤身牛肉を購入する消費者が少しずつ増えてきています。

和牛
和牛は、黒毛和種、熊本県や高知県に多い褐毛《あかげ》和種、東北地方で飼育されている日本短角種、山口県の無角和種の４種類。

霜降り
日本食肉格付協会の規定により、牛肉は歩留まり（得られる部分肉の割合）および肉質等級（脂肪交雑（サシ）、肉の色沢、肉の締まり及びきめ、脂肪の色沢と質）から格付けを行い、最も高い評価がA5とされる。このうち脂肪交雑はBMS（Beef Marbling Standard）で12段階に評価する（12が最上）場合もある。

食糧需給表にみる食肉の出荷量

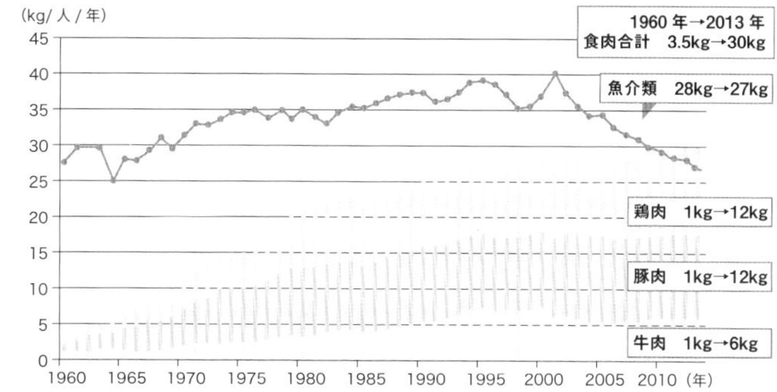

注：重量は純食料ベース。
出典：農林水産省「食料需給表」

牛肉の格付け規格の表示区分

歩留等級	肉質等級 高				低
	5	4	3	2	1
A	A5	A4	A3	A2	A1
B	B5	B4	B3	B2	B1
C	C5	C4	C3	C2	C1

消費が上向きの養豚業

養豚業は牛と同様、繁殖させ肥育しますが現在では繁殖・肥育を同じ農場が行う一貫経営が7割に達しています。そのような**養豚場**は規模も大きく会社組織化をしているところが増えてきました。餌は穀物などの濃厚飼料が多いため、輸入飼料もかなり使われています。生後半年で成長するため、年2回出荷できます。豚肉は、牛肉より価格が安く、ビタミンB群が豊富で、脂肪の口どけが良いことから、消費は増加傾向にあります。

卵と肉に分かれる養鶏業

鶏からは**卵**、肉が利用できます。**ブロイラー**と呼ばれる食肉鶏は50～60日で出荷します。食肉鶏は同じ日に孵化させた雛、数百羽を広い鶏舎で飼養し、一度に出荷します。鶏肉は価格が安く、脂肪分が少ないヘルシーなイメージがあるため、消費は伸びています。

養豚
豚はランドレース、大ヨークシャー、中ヨークシャー、バークシャー、デュロックなどの品種が欧米から輸入された。それぞれ肉質や成長に特徴があり、交配などにより、各地でブランド化されている。

養豚場
2018～2019年に国内の養豚場でCSF（豚コレラから名称変更された）が発生し、拡大が懸念されている。鶏では鳥インフルエンザのような致死性感染症が大きなリスクになっている。野生のイノシシや野鳥を介して感染することが疑われており、大規模化が進んでいる施設では、損害も大きいため対策が必要である。

卵
卵用種は白色レグホン、卵肉兼用種は横班プリマスロックなどが知られている。

ブロイラー
肉専門のブロイラーは白色コーニッシュと白色プリマスロックの一代雑種が一般的で、成長速度の速さが特徴。

Chapter3
04

海や川から魚介類を届ける水産業

国民の魚離れや水産資源の減少など水産業界に課題は多いですが、世界的に見るとアジアを中心に水産物の消費は増えています。

獲る漁業では沖合漁業の漁獲高が高い

日本の水産業は、1970年代の**200海里（EEZ）**規制で遠洋漁業から輸入へのシフトが進みました。現在では沖合漁業の漁獲量が最も高くなっています。

沿岸漁業とは10トン未満の漁船に1人または少数で乗り、ほぼ日帰りの範囲でサケ、サバ、イワシ、アジ、イカなどの漁を行います。漁業従事者数は最も多く、ほとんどが個人経営です。

沖合漁業とは10トン以上の魚船に数人から数十人で乗り込み、イワシ、サンマ、アジ、カツオなどを数日がかりで漁をします。自営もありますが、乗組員となるには漁業会社に所属します。

遠洋漁業では、漁業会社が大型の船で船団を組み、数か月間に渡って世界中の海で漁を行います。古くは捕鯨が盛んでしたが、**世界的な規制**により衰退しました。現在ではマグロ、カツオが中心です。

養殖業は安定供給ができる

上記の漁業が「獲る」漁業であるのに対し、育てる漁業が養殖業です。ブリ・マダイ・カンパチ・コンブ・ノリ・カキ・ホタテ貝・マス・ウナギなど多くの種類で行われています。採捕したり産卵孵化した稚魚をいけすなどで成魚になるまで育てます。養殖は、資源量の変化や枯渇を心配せず安定的に供給できるという利点があります。近年、クロマグロやウナギでは難しかった**完全養殖**の技術が確立され、大手水産会社をはじめ異業種からの参入が相次いでいます。また、産卵孵化させた稚魚を河川海に放流して、資源を維持する栽培漁業も行われています。

200海里（EEZ）
1970年代後半、海洋各国が自国の沿岸から200海里（約370km）の範囲の漁業権や管轄権を一方的に主張し始め、1982年に「海洋法に関する国際連合条約（略称：国連海洋法条約）」が成立した。200海里までは排他的経済水域（EEZ）として水産資源、地下資源などに対して主権的権利があるとされている。

世界的な規制
1948年に国際捕鯨委員会（IWC）が設置され、資源保護の観点から各国間で規制を設けた。1982年から商業捕鯨が禁止となった。日本は調査捕鯨として規制枠内の捕鯨を行ってきたが、2018年IWCから脱退した。

完全養殖
親魚から採卵し受精、孵化させた稚魚を成魚まで育て、さらに受精卵を得る（人工種苗生産）。採卵、孵化などの技術的課題が高く、実用化に向けた研究が進んでいる。

漁業別の特徴

	船の大きさ	出漁期間	場所	漁獲の種類	従事者数（2007年）
沿岸漁業	10トン以下	日帰り	岸が見える範囲	下位を含むほとんどすべての魚種	178,230
沖合漁業	20～150トン	2、3日～1か月	日本のEEZ内	イワシ、サンマ、サバ、アジ、イカ	26,110
遠洋漁業	150～500トン	数か月～1年	南太平洋、インド洋、大西洋	イカ、カツオ、マグロ	

注：従業者数は水産庁「水産白書」によるが、2007年以降の数値は記載されていない。

水産物の種類別輸出入割合

輸入品目合計
1兆7,910億円

輸出品目合計
3,031億円

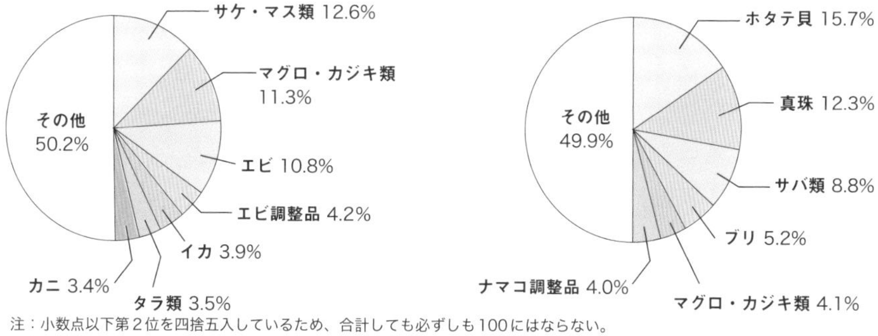

注：小数点以下第2位を四捨五入しているため、合計しても必ずしも100にはならない。
出典：水産庁「水産白書」（2018年度）

水産物の輸出が伸びている

日本の水産物の輸出は、年々伸びています。品目ではホタテ貝、サバ、ブリが、中国や東南アジアを中心に輸出されています。背景の一つにはインバウンド（訪日外国人）の増加により、日本食が受け入れられていることがあります。輸出の伸張により、養殖業は今後さらに成長することが期待されます。

変化する農畜水産業①

6次産業とアグリビジネス

1次産業、2次産業（加工）、3次産業（販売）を一緒に行う6次産業が興っています。農業を取り巻く事業を行うアグリビジネスも増えています。

1次×2次×3次の6次産業

農林水産省によれば、6次産業化とは「農林漁業者が、農畜産物・水産物の生産だけでなく食品加工（2次産業）、流通・販売（3次産業）にも取り組み、それによって農林水産業を活性化させ農山漁村の経済を豊かにしていこうとするもの」となっています。

例えば農産物のカットや冷凍を行う加工工場を整えて販路を開拓したり、レストランを開いたり、畜産業者がハム・ソーセージやチーズを製造し直販することなどです。農林水産省のホームページには事例が掲載されています。今までやっていなかった事業を始めるので、ノウハウの獲得や投資が必要です。そのため、メーカーや小売業が農場経営に乗り出す動きも出てきました。

アグリビジネスへの注目が高まる

農産物の生産・加工・流通のみならず、マーケティングや、品種改良のような**バイオテクノロジー**、農業資材や機械の開発、ICTを活用したスマート農業（**9-04**参照）のシステム、金融、農家民宿（**アグリツーリズム**）など、農業に関連する幅広いアグリビジネスが行われています。クボタ、ヤンマーなどの農機具メーカー、NTTデータ、コニカミノルタなどのIT事業がかかわっています。これらの例からもわかるように、それぞれの分野の専門家が農業、広い意味では「食」領域に参入する動きであり、携わる人の数では1次産業従事者の数倍に広がる経済規模となります。農業を支援し低コストで高品質な農産物を生産することで、国際的な競争力を高めることができれば、国内のみならず輸出産業へ成長する可能性があります。

バイオテクノロジー
遺伝子組換え技術の他、2010年代になってから、ゲノム編集技術が食品にも応用されるようになった。有害物質が作られないジャガイモや通常より大きく成長するマダイなどがある。大学や公的研究所、ベンチャー企業などが開発するが、実用化するには企業の投資が必要である。

アグリツーリズム
農業に関係する旅行のこと。農村地域を訪問して地場のグルメを楽しむのみならず、農家に宿泊して農業体験を楽しむ。

6次産業のイメージ

6次産業

1次産業		2次産業		3次産業
生産	→	**加工**	→	**流通・販売 レストラン経営**
(例) 野菜・果樹の生産		(例) 野菜・果樹を練り込んだパン作り		店舗やネットにて販売

6次産業の事業内容と農林水産省による認定件数

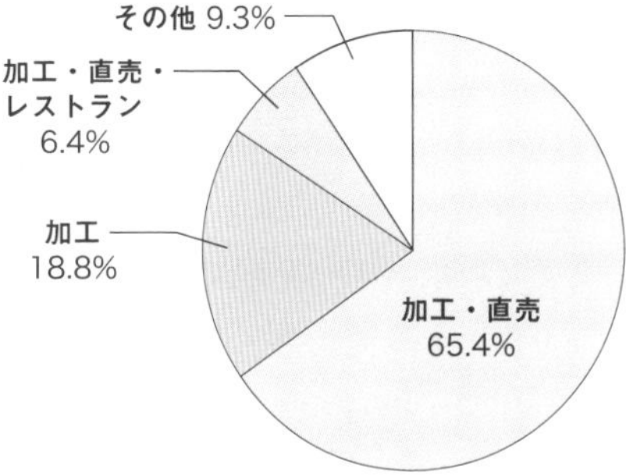

出典：農林水産省「食料・農業・農村白書」(2016年度)

認定されなくても6次産業化はできるけれど、認定されると融資などの特例が受けられるよ。

2011年度	709
2012年度	1,321
2013年度	1,811
2014年度	2,061
2015年度	2,156
2016年度	2,227

6次産業の生産と加工の事例

生産		加工
大豆	→	大豆麺
果実	→	ゼリー、ジュース、ジャム
地鶏	→	がらスープ、スモークチキン
昆布	→	ふりかけ
黒毛和牛	→	選べるギフト
地場野菜	→	浅漬
牛乳	→	チーズ、アイスクリーム
豚	→	ハム、ソーセージ

変化する農畜水産業②

地域の農業を活性化させる農業協同組合

資材の調達から流通、資金の融資まで行う農協は、農家にとってなくてはならない存在でした。現在、その在り方が問われ、改革が進んでいます。

農業協同組合（農協、JA）とその課題

農協には、基本単位の市町村JA（単位JA）、都道府県・全国単位のJA全農などのほか、共済連やJA全中など、さまざまな組織があります。農家が必要とする種や苗、農業資材の販売、生産物の販売委託、保険などの共済、貯金・融資などの金融機能を担っています。

農協は農家を支援する目的で設立されましたが、近年では個々の農家の自発的な取り組みを妨げている面もあるとして、改革が進んでいます。例えば、農協は農家に農業機械や農薬、肥料などを販売していますが、競争原理が働かないため外国に比べ割高となり、生産コストを押し上げているとの批判がありました。また農協は農家へ栽培指導を行い、農家から販売委託を受け、卸売市場へ持ち込みます。これが農家の農協依存となり、競争力の向上を妨げているとの指摘がありました。

単位JAにとっても、JA全中は単位JAを監査指導する役割を持っているため、**マーケットインに基づく生産・販売事業方式**への転換など、それぞれが自由に創意工夫する余地を奪っていると問題視されていました。**2016年農協法が改正**され、JA全中の監査機能の廃止とJA、JA全農の株式会社化が可能になりました。JA全中の権限を弱め、単位JAや農家がより自由に経営できるように改めるのがねらいです。農協改革といわれ、競争力の向上が期待されます。

マーケットインに基づく生産・販売事業方式
市場性のある作物を生産すること。

2016年農協法が改正
約700ある地域農協が創意工夫をしやすくするため、農協の頂点にある全国農業協同組合中央会（JA全中）の監査・指導権をなくし、一般社団法人に転換した。プロの生産者と農協の連携を深め、海外産に負けない農産物作りを促すのが目的である。

農協の存在意義と今後

これまでの農家と農協の関係は、行政のさまざまな補助金や規

JAグループの主な組織と事業

出典：JAグループ「グループ組織図」

JA販売事業の主要品目別取扱高（2017年度）

単位：億円

合計4兆6,849億円

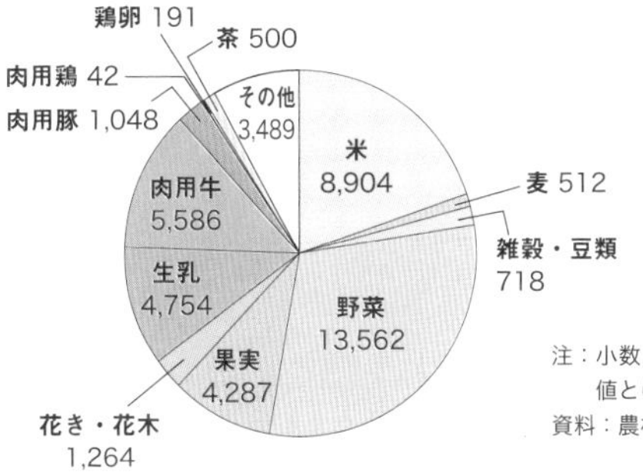

注：小数点以下を四捨五入しているため、合計値とは必ずしも合わない。
資料：農林水産省「総合農協統計表」より

制に頼っていました。少子高齢化、自由貿易の圧力、後継者不足といった社会環境の中、農業は効率化、競争力の強化がますます必要とされます。農業もほかの産業と同様、経済原理に従って行われるべきですが、一方で食文化の伝統を支える役割を持っています。単位JAの存在意義は増しこそすれ下がってはいません。そのため、その土地の農産物の差別化や産業としての育成といったマーケティング視点で取り組む農協も増えてきています。

変化する農畜水産業③

1次産業と行政

国および地方自治体はそれぞれの立場で、農林水産業の保護発展の施策を行っています。

計画を立てる農林水産省、輸出を支援する経済産業省

農林水産省は、食料の安定供給・農林水産業の発展・森林保全・水産資源の管理を目的とする国の行政機関です。農政は、食料・農業・農村基本法に基づいて行われます（**8-02**参照）。中長期的に取り組むべき方針を定めた食料・農業・農村基本計画を、おおむね５年ごとに策定し、政策を進めています。関連する部局としては、食料産業局・生産局・経営局・農村振興局・水産庁などがあり、それぞれ国家規模の課題に対応しています。また全国８カ所に地方農政局があり、地方自治体と協力して農業行政を行っています。

経済産業省は、農林水産省と合同で、食品・農水産物の輸出を促進する取り組みを行っています。輸出に当たっての情報や輸出に向けた生産、海外販路の開拓、輸出リスクに対するさまざまな支援策を策定し、農林水産物・食品輸出支援策ガイドをまとめています。

個々の農業指導も行う地方自治体

都道府県庁、市町村役場には、それぞれの単位で農畜水産業を振興させる部署があります。東京都の場合、産業労働局の下に農林水産部があり、さらに農業振興課や水産課などがあります。沖縄県庁では、農林水産部の下、農林水産振興センターや水産海洋技術センター、農業研究センターなどの研究所や、サトウキビなどの特産物を振興する糖業農産課などのユニークな組織を有しています。また、農業普及センターには農業指導員がいて、個々の農家への農業指導に当たります。

経済産業省の輸出支援の例

輸出に関する情報支援

- 無料の商談スキルアップセミナーの開催
- 輸出先の需要動向や規制について対面または電話での相談
- 計画策定～商談成立の支援
- 輸出可能性についての無料診断
- 現地での事業化可能性調査、専門家による助言、相手国関係者の招へい等を補助　など

海外販路の開拓に関する支援

- 見本市・商談会への出展や出店費用の補助
- 海外プロモーションの経費補助
- 「WASHOKU Treasure」「ジャパンモール」への出品
- 海外の取引先マッチング
- 高度外国人材の採用・定着支援
- 原発事故に伴う輸出証明書発行　など

輸出に向けた生産に関する支援

- 輸出に向けた生産に必要な施設整備等補助
- 植物検疫や残留農薬の専門家から防除・栽培方法の提案
- 輸出向けの施設の改良、造成、取得等に融資
- 海外支店や海外現地法人が現地金融機関から資金調達する場合に必要となる債務保証（信用状の発行）など

輸出のリスク回避についての支援

- 収入保険（自然災害、為替変動による減収）等
- 日本で登録した地理的表示（GI）を海外登録するときの経費補助
- 有機JAS認証取得等支援
- GAP認証取得支援
- 国際的に通用する食品安全管理規格の取得支援　など

出典：「農林水産物・食品輸出支援策ガイド（H30年版）」より抜粋

地方自治体の組織図（北海道庁の例）

北海道庁

- 農政部 ― 農政課
  - 競馬事業室
  - 食の安全推進局 ― 食品政策課
  - 生産振興局 ― 農産振興課、畜産振興課、技術普及課
  - 農業経営局
    - 農業経営課 ― 農業大学校
    - 農地調整課
  - 農村振興局 ― 農村設計課、農業調整課、農業施設管理課、農村計画課、農地整備課、農村整備課
- 水産林務部 ― 総務課
  - 水産局
    - 水産経営課 ― 海業研修所
    - 水産振興課、漁港漁村課、漁業管理課
  - 林務局
  - 森林観光局

業界マップ

1次産業

JA全中
JA全農
農協

個人営農家（専業・兼業）

農事組合法人
（P.48参照）
平沢ファーム（秋田県）
和郷園（千葉県）　など

農地所有適格法人
（P.48参照）
イオンアグリ創造（北海道）
六星（石川県）　など

植物工場
MIRAI
豊田通商
グリーンリバーHD
いちごカンパニー　など

畜産業＋加工＋販売＝6次産業
こと京都（京都府）
サイボクハム（埼玉県）
ゆうぼく（愛媛県）
中村農場（山梨県）　など

畜産農場
太平洋ブリーディング
インターファーム
日本ホワイトファーム
サンキョーミート

海外牧場
ワイアラビーフ（オーストラリア）
タスマニアフィードロッド（オーストラリア）
ANZCO FOODS（ニュージーランド）

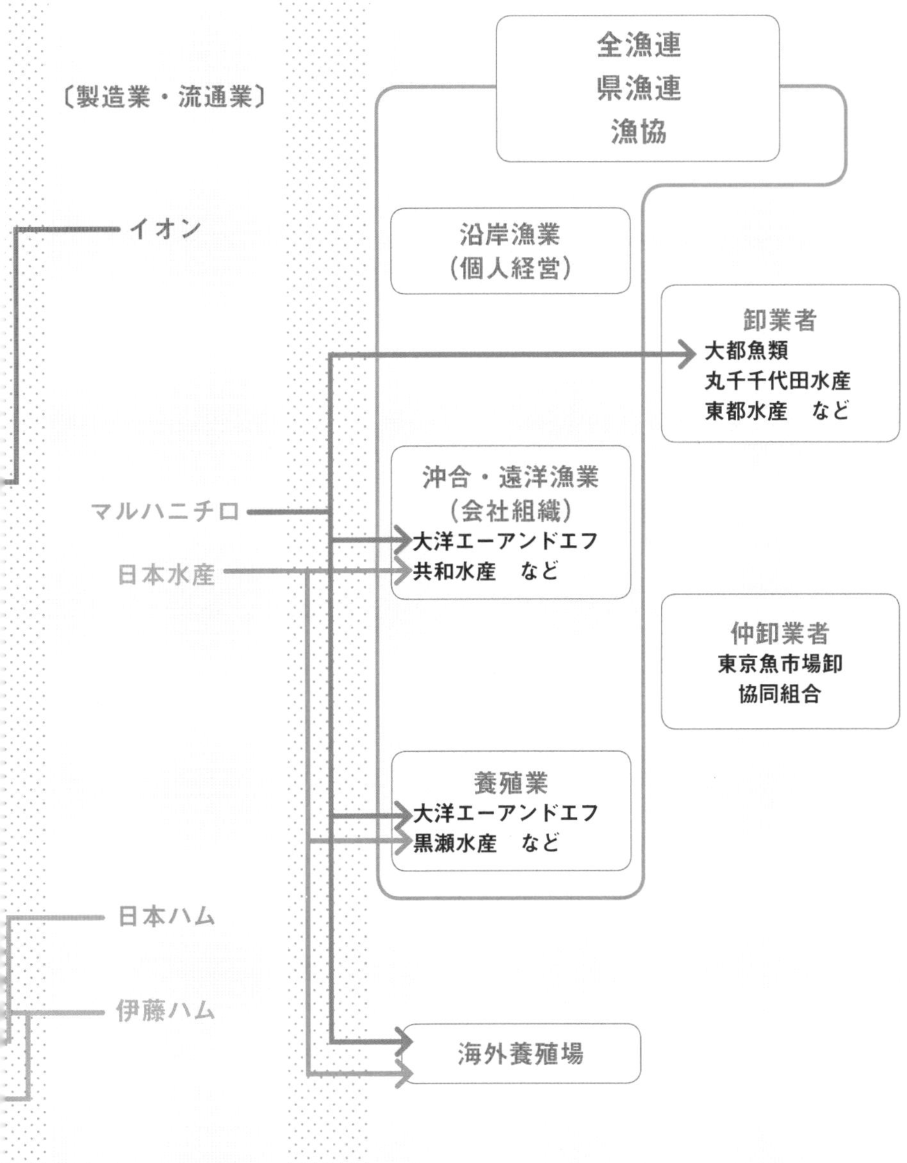
〔製造業・流通業〕
全漁連
県漁連
漁協
イオン
沿岸漁業
(個人経営)
卸業者
大都魚類
丸千千代田水産
東都水産　など
沖合・遠洋漁業
(会社組織)
マルハニチロ
大洋エーアンドエフ
日本水産
共和水産　など
仲卸業者
東京魚市場卸
協同組合
養殖業
大洋エーアンドエフ
黒瀬水産　など
日本ハム
伊藤ハム
海外養殖場

COLUMN 3

人工肉の時代が来る？

動物性の食品を食べない人たち

ベジタリアン（vegetarian：菜食主義者）やヴィーガン（vegan：完全菜食主義者）は、動物の肉は食べません。ベジタリアンは、卵や牛乳を食べるのに対して、ヴィーガンは、それらを含め動物性の食品を一切食べないのに加え、皮製品なども使用しない人々のことをいいます。

これらの人は、大豆などの豆類からたんぱく質を摂取します。豆腐ハンバークや大豆たんぱく質を使った食品は、ベジミートといわれ、その市場拡大が期待されています。

環境への配慮から
動物性食品を控える人たち

菜食主義は、動物愛護など個人的な信条から生じるものですが、2018年頃から米国で新たな動きが起こっています。家畜の飼育には大量の穀物や水が必要で、畜産から排出される二酸化炭素も環境に負荷をかけているという考えから、動物性食品を取らないという環境問題視点の考え方です。

人工肉（植物肉）の需要が高まっている

こういった動きから、より動物肉に食感の近い、植物由来のたんぱく質を使った植物肉（プラントベースドミートまたはフェイクミート）の開発が盛んになっており、「ビヨンド・ミート」や「インポッシブル・フーズ」などのスタートアップ企業が次々と興っています。サブウェイなどのファストフードを中心に、これらの食材を積極的にメニューに取り入れるところも増えつつあります。さらには、バイオテクノロジーにより、酵母や培養細胞で、卵白たんぱく質や動物肉を作らせる研究も進んでいます。

将来は、霜降りの培養肉がスーパーに並ぶ光景が普通のものになるかも知れません。

第4章

食品製造業の種類と特徴

食品製造業は、私たちがふだん購入する生鮮食品や加工食品のほか、加工に必要な素材を製造するメーカーがあります。主要な食品を取り上げ、その特徴を見ていきましょう。

Chapter4
01

食品製造業の分類

食品製造業の構造

食品製造業は、農畜水産物を一次加工する素材型製造業と、直接消費者に届ける加工食品を作る加工型製造業があります。

素材型製造業の製粉業・油脂製造業・製糖業

輸入された小麦、トウモロコシなどの穀物を摩砕《まさい》して粉製品にするのが**製粉業**です。小麦粉は製パンメーカーや製麺、製菓メーカーなどへ販売され、家庭用としても店頭に並びます。

大豆やなたねを輸入し、原材料油を採油するのが油脂製造業です。採油したものからさらに脱ロウなどの精製処理をして、食用油とします。揚げ物などを大量に製造するメーカーに、また家庭用のサラダ油や天ぷら油として出荷されます。

国産のサトウキビや甜菜《てんさい》、または輸入原料糖から砂糖を精製するのが製糖業です。業務用や家庭用の甘味料として清涼飲料や菓子類、料理に使用されます。また比較的価格が安いでんぷんから、砂糖より安価な果糖ブドウ糖液糖が作られます。主に業務用として清涼飲料などに利用されます。

安心・安全・美味・簡便性を追求する加工型製造業

加工型製造業は、バリエーションに富んだ安全でおいしい食品を製造するだけでなく、消費者へのアピールも必要です。料理に欠かせない調味料では各領域にリーディングカンパニーがありますが、中小のメーカーも多数存在します。

農産加工品、水産加工品、畜産加工品メーカーも消費者のニーズに合わせ**多様な製品**を製造しています。

食パン、フランスパン、菓子パン、調理パンなどは大手パンメーカーのほか、個人やチェーンベーカリーでの製造販売などの業態が見られます。菓子は**種類が多く**、数社の大手メーカーのほか、中小のメーカーや個人商店での製造販売があります。

製粉業
トウモロコシはコーンスターチ（でんぷん）としてさまざまな加工食品に使用されたり、甘味料の原材料としても利用される。ジャガイモからは、ジャガイモでんぷんが作られる。

大豆
大豆油（**4-03**参照）を採った後の油粕からは、大豆たんぱく質濃縮パウダーが作られ、プロテイン飲料などさまざまな食品に利用される。

多様な製品
「農産加工品」には大豆加工品、漬物、果物缶詰、野菜水煮などがある。「水産加工品」には干物、ねり物（ちくわ、かまぼこ）、魚類缶詰などがある。「畜産加工品」にはハム、ソーセージなどがある。

種類が多く
和菓子、洋菓子の区別があり、それらがさらに生菓子、半生菓子、干菓子に分類される。

日本標準産業分類による食品製造業の分類

畜産食料品製造業
- 肉製品製造業
- 乳製品製造業
- その他の畜産食料品製造業

水産食料品製造業
- 水産缶詰・瓶詰製造業
- 海藻加工業
- 水産練製品製造業
- 塩干・塩蔵品製造業
- 冷凍水産物製造業
- 冷凍水産食品製造業
- その他の水産食料品製造業

野菜缶詰・果実缶詰・農産保存食料品製造業
- 野菜缶詰・果実缶詰・農産保存食料品製造業（野菜漬物を除く）
- 野菜漬物製造業（缶詰、瓶詰、つぼ詰を除く）

調味料製造業
- 味そ製造業
- しょう油・食用アミノ酸製造業
- うま味調味料製造業
- ソース製造業
- 食酢製造業
- その他の調味料製造業

糖類製造業
- 砂糖製造業（砂糖精製業を除く）
- 砂糖精製業
- ぶどう糖・水あめ・異性化糖製造業

精穀・製粉業
- 精米業
- 精麦業
- 小麦粉製造業
- その他の精穀・製粉業

パン・菓子製造業
- パン製造業
- 生菓子製造業
- ビスケット類・干菓子製造業
- 米菓製造業
- その他のパン・菓子製造業

動植物油脂製造業
- 植物油脂製造業
- 動物油脂製造業
- 食用油脂加工業

その他の食料品製造業
- でんぷん製造業
- めん類製造業
- 豆腐・油揚製造業
- あん類製造業
- 冷凍調理食品製造業
- 惣菜製造業
- 他に分類されない食料品製造業

飲料・たばこ・飼料製造業
- 清涼飲料製造業
  - ・清涼飲料製造業
- 酒類製造業
  - ・果実酒製造業
  - ・ビール製造業
  - ・清酒製造業
  - ・蒸留酒・混成酒製造業
- 茶・コーヒー製造業
  - ・製茶業
  - ・コーヒー製造業

飲料は炭酸飲料、コーヒー、紅茶、スポーツ飲料などの清涼飲料、ビール、日本酒、ウイスキーなどのアルコール飲料に大別されます。機械化が進み大企業に集約される傾向にあります。

またインスタント食品、冷凍食品、健康食品などのほか、惣菜やコンビニ弁当などのいわゆる「中食」ベンダー（供給業者）も含み、近年多様化しつつあります。

Chapter4
02

製粉

製粉とは穀物を粉に加工することですが、一般にわが国では小麦製粉業を指します。小麦は小麦粉にされて、パンやうどん、菓子などの原材料になります。

小麦は9割が輸入

日本で消費される小麦の約９割は、国家貿易により輸入されています。小麦は硬質小麦（米国、カナダ）、中間質小麦（オーストラリア）、軟質小麦（米国）、パスタ用のデュラム小麦（米国、カナダ）に分かれます。輸入先の１位は米国で、２位はカナダ、３位はオーストラリアです。カナダとオーストラリアはTPPに加盟していますので、関税が下がり、価格も低下しています。

国産小麦は北海道産が７割を占めており、主に麺類に使われる中力《ちゅうりき》粉に加工されます。

国家貿易
国の機関や国から特権を与えられた企業がほぼ独占的に行う貿易。小麦（P.19参照）は農林水産省が行っている（ほかに米、大麦も）。

TPP
環太平洋連携協定。現在日本を含む11カ国が参加し、加盟国間の貿易の自由化についてルールを締結した協定（**9-01**参照）。

用途別に製粉

主に、硬質小麦からはたんぱく質が11.5～13.0％と多いパン用の強力粉が作られます。中間質小麦からは中力粉、軟質小麦からはたんぱく質が6.5～9.0％と少ない菓子用の薄力粉が作られます。硬質小麦であるデュラム小麦からは、セモリナ粉というパスタ用の小麦粉が作られます。

これらの小麦は、各種ロール機による挽砕《ばんさい》（ミリング）、シフターやピュリファイヤーと呼ばれる機械による選別などの工程を経て、さまざまな用途に応じた粉となります。

シフター
ふるい器。

ピュリファイヤー
余分な胚乳部を取り去る機械。

製粉業界の動向

製粉業界の市場規模は、約650万トン、１兆2,160億円（2018年）です。小麦粉は製パンや製麺に多量に必要とされ、生産規模の大きい日清製粉、日本製粉（ニップン）、昭和産業の３社で寡

小麦と小麦粉の分類

小麦の分類	軟質小麦	中間質小麦	硬質小麦
粒の硬さ	軟らかい	普通	硬い
たんぱく質	少ない	中程度	多い
↓	薄力粉	中力粉	強力粉

主な企業の業績（2018年度）

単位：億円

企業名	売上高	営業利益
日清製粉グループ本社	5,653	269
日本製粉	3,353	112
昭和産業	2,559（835）	84（30）
日東富士製粉	549	41
鳥越製粉	226	12

昭和産業は（　）内が製粉部門

占状態となっています。日清製粉グループは海外展開も積極的で、2013年にニュージーランドのチャンピオン製粉を、2019年にオーストラリアのアライド・ピナクル社を子会社化しています。またペットフードや医薬品などへの多角化も進めています。日本製粉はパスタなど家庭用食品、健康機能食材などの成長事業に力を入れています。昭和産業は小麦粉のほか、大豆、なたね、トウモロコシを取り扱っており、でんぷんなどの業務製品、家庭用食用油や天ぷら粉といった食品など幅広く展開しています。

でんぷんなどの業務製品
例えば食用油、プレミックス、ぶどう糖など。プレミックスとは、用途に合わせてあらかじめ適切な比率で配合された調整粉のこと。

食用油

調理や調味料として使われる食用油は、植物の種実などから採油されます。揚げ物に使う豚由来のラードや、健康食品の原料となる魚油もあります。

食用油の種類

わが国の食用油の消費量はなたね油が最も多く、**パーム油**、大豆油、米油、トウモロコシ油、オリーブ油と続きます。

なたねはキャノーラ種を栽培しているカナダからの輸入が9割を占めており、ドレッシングや揚げ物、マーガリンなど幅広く使われます。

パーム油およびパーム核油は、原材料のアブラヤシの産地であるインドネシアやマレーシアで採油され、原油の状態で輸入されます。マーガリンや**ショートニング**、チョコレートなど業務用の原料として使われます。

「サラダ油」は、JAS（日本農林規格→**8-03**参照）で成分と低温で濁らないための製法が定められています。なたね、大豆、トウモロコシ、ひまわりなどの油を原料とし、なたね油と大豆油を配合したものが一般的です。

パーム油
熱帯産のアブラヤシから取れる油で、アブラヤシを栽培するためにボルネオやインドネシアの熱帯雨林を切り開くことが自然破壊であるとして問題となっている。

ショートニング
常温で半固形状の食用油脂。製菓、製パンにはドウで空気を保持し、揚げ物には油切れの改善目的で使われる。

食用油メーカーと業界動向

最大手の日清オイリオは、家庭用油脂にも業務用油脂にも強く、海外展開も積極的です。オリーブオイルの「ボスコ」、特保（P.104）を取得した**中鎖脂肪酸（MCT）**を含む健康志向の「ヘルシーリセッタ」などが有名です。ドレッシングの「ピエトロ」とは資本業務提携をしています。

味の素製油、ホーネンコーポレーション、吉原製油の３社が合併したＪ-オイルミルズは、それぞれのブランドで家庭用から業務用まで幅広い商品展開が特徴です。2019年、日清オイリオと搾油などで業務提携することが発表されました。

中鎖脂肪酸（MCT）
中鎖脂肪酸（Medium-ChainTriglycerides）は、ココナッツやパームに含まれる脂肪酸で、エネルギーになりやすく体脂肪になりにくい性質がある。

日本の植物油供給量の推移　(単位：千トン)

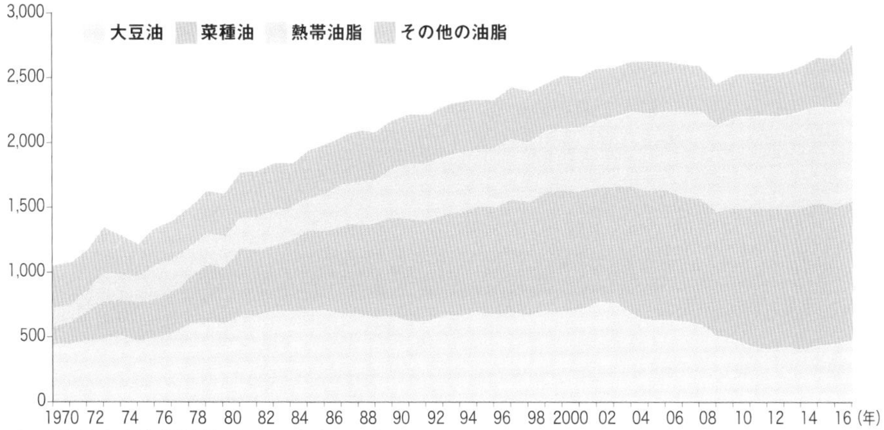

資料：農林水産省「油糧精算実績調査」、財務省「貿易統計」
出典：一般社団法人 日本植物油協会

主な企業の業績（2018年度）

単位：億円

企業名	売上高	営業利益
日清オイリオG	3,430	129
不二製油G	3,008	185
J-オイルミルズ	1,867	56
昭和産業	830	41
ミヨシ油脂	309	0.9
かどや製油	343	42

昭和産業は油脂部門

不二製油は、パーム油、ヤシ油を利用した食用加工油脂やチョコレート、大豆油や大豆たんぱく質加工素材などの業務用製品を強みとしています。家庭用では、豆乳の「ソヤファーム」ブランドがあります。

昭和産業は、小麦粉やコーンスターチが有名ですが、食用油などでも幅広い商品を製造販売しています。ショートニング、ラードなど加工用油脂のミヨシ油脂や米油のボーソー油脂、ゴマ油のかどや製油などは、独自の存在感を示しています。

食用加工油脂
粉末油脂、乳化油脂、ショートニングなど、加工食品の品質改善などに用いられる。

Chapter4

04

素材型製造業③

製糖・でんぷん

甘味の基本である砂糖は、サトウキビや甜菜《てんさい》が原材料です。甘味料としては、ショ糖より甘い転化糖やでんぷんを原材料とする異性化糖などが工業的に使われます。

砂糖と製糖業

砂糖は、サトウキビ（甘蔗《かんしょ》）もしくは甜菜《てんさい》（砂糖大根、ビート）に含まれる**ショ糖**を煮詰め、精製して作られます。日本の自給率は34％（2018年）で、サトウキビは南西諸島、甜菜は北海道で主に栽培されています。輸入品は栽培国で**粗糖**まで加工されたもので、オーストラリアとタイからが９割を占めます。国民の健康志向から、砂糖の需要はこの10年間で１割以上低下しています。

輸入粗糖を主原材料とする製糖大手には三井製糖（三井系）、日新製糖（住友系）、大日本明治製糖（三菱系）などの商社系があります。

国産原材料を使う日本甜菜精糖（明治HD出資）は売上高２位（2019年度）にあります。三井製糖は、「スプーン印」のブランドで家庭にも広く浸透しているほか、砂糖を原材料とした機能性糖類パラチノースを開発販売しています。2021年に三菱商事系の大日本明治製糖と統合し、日本甜菜精糖とも資本提携することが発表されました。日本甜菜精糖は、北海道の甜菜を原材料にした甜菜糖を主力製品に、**オリゴ糖**など機能性糖類も販売しています。日新製糖は、「カップ印」の角砂糖やガムシロップ、カップシュガーなどを扱っています。塩水港精糖は、「パールエース」ブランドの精製糖のほか、**サイクロデキストリン**や乳果オリゴ糖で有名な企業です。

ショ糖
砂糖が一般的な呼び名で、ブドウ糖と果糖が結合した2糖類。

粗糖
一般的な砂糖を作るときの原材料として使われ、のちに精製を受けてさまざまな種類の砂糖となる。

オリゴ糖
単糖が3～10個程度結びついたもの。整腸作用があり特定保健用食品の成分として認められている。

サイクロデキストリン
苦味のマスキングや不溶物の可溶化など食品のほか医薬品、化粧品、医療などにも使われる。

甘味料の製造

安価なでんぷんを酵素などでブドウ糖に分解し、さらに**異性化酵素**でブドウ糖を果糖に変えると、ブドウ糖と果糖が混在した液糖ができます。

果糖はブドウ糖より甘いので、果糖への転換比率を調整するこ

異性化酵素
イソメラーゼともいい、ブドウ糖分子の構造を果糖分子に変換させる酵素のこと。ブドウ糖から変換した果糖を異性化糖という。

甘味料の種類

		甘味度※	機能	メーカー
天然甘味料	砂糖	1	甘味料	三井製糖、日本甜菜製糖、日新製糖など
	異性化糖	0.7～1.2	甘味料	日本コーンスターチ、王子コーンスターチ、日本食品化工など
	オリゴ糖 フラクトオリゴ糖	0.6	整腸作用など	塩水港精糖、明治フードマテリア、日本オリゴなど
準天然甘味料	糖アルコール キシリトール パラチノース	 1 0.42	抗う蝕性	物産フードサイエンス、三菱ケミカルフーズなど
高甘味度甘味料	スクラロース アスパルテーム（非糖質系） アセルスファムK（非糖質系）	600 200 200	低カロリー食品	三栄源エフ・エフ・アイ、味の素ヘルシーサプライ、ツルヤ化成工業など
機能性糖質	難消化性デキストリン		整腸作用、糖・脂肪吸収抑制	松谷化学

※砂糖を1としたときの甘さの倍率。

国内砂糖消費量

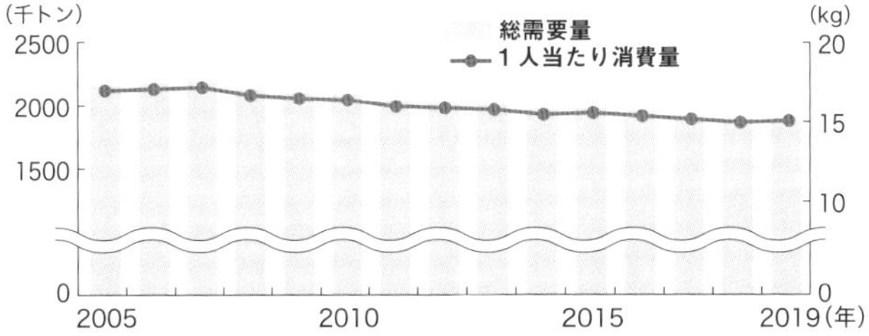

＊砂糖年度とは当該年の10月1日から翌年の9月30日までの期間をいう。
＊2019年度は見通し。

出典：農林水産省「砂糖及び異性化糖の需給総括表」（「令和元砂糖年度における砂糖及び異性化糖の需給見通し（第2回）」2019年12月）

主な企業の業績（2018年度）

単位：億円

企業名	売上高	営業利益
三井製糖	1,052	37
日本甜菜精糖	579	15
日新製糖	487	31
大日本明治製糖	334	25
塩水港精糖	260	10
フジ日本精糖	196	12
東洋精糖	139	9

統合予定（三井製糖・日本甜菜精糖・日新製糖・大日本明治製糖）

とによりさまざまな甘みをもった糖液ができます。でんぷんは、水あめや**デキストリン**などにも加工されます。でんぷんのメーカーとしては、日本コーンスターチや王子コーンスターチ、日本食品化工、三和澱粉工業、松谷化学などがあります。

デキストリン
でんぷんを部分的に分解したもので、粘度の調整、便秘解消などに使用される多糖類。

素材型製造業④

Chapter4
05

製塩

私たちが口にする食品の中でほぼ唯一、生物に由来しない食品ですが、生命維持に必須で、調理にはなくてはならない調味料です。

工業用が９割を占める製塩事業

塩は化学名が塩化ナトリウムで、生物の体液に含まれるだけでなく、海水にも多量に含まれています。塩は水に溶けた状態ではナトリウムイオンと塩化物イオンであり、さまざまな生命活動に必要です。このため古来から、交易上重要視され、日本では1997年までは専売制度が敷かれていました。

塩事業法で、塩は「塩化ナトリウムの含有量が40/100以上の固形物」と定義されていますが、実際に販売されている商品は97%以上のものが多いです。世界的には欧州など、海が干上がってできた岩塩を利用しているところもありますが、日本では主に海水からイオン交換膜製塩法で作られ、生産量は約930千トン（2017年）です。自給率は約11%で、主にメキシコ、オーストラリアから輸入しています。日本の消費量のうち食用は約11%で、ほかはソーダ工業用が大半を占めます。

製塩関連企業の動向

専売制度の廃止により、塩の製造販売は自由化されました。日本各地に製塩業があり、日本海水、ナイカイ塩業、ダイヤソルト、鳴門塩業、赤穂化成、伯方塩業などのほか、味の素も食塩を扱っています。

食塩の取りすぎは、高血圧など生活習慣病のリスクが増加することから、厚生労働省の「日本人の食事摂取基準（2020年）」で、成人男性は１日7.5g、成人女性は同6.5g未満が目標とされています。このため、「減塩」や「低塩」といった食品が増え、１人当たりの食塩消費量も減少しています。このため、食塩事業のみならず、電力事業など多角化を図る企業もあります。

専売制度
日本では、塩専売法に基づき1905年から1997年まで塩の専売制度が敷かれた。1905年からは大蔵省専売局が、1949年からは日本専売公社が、1985年からは日本たばこ産業（JT）が専売制度を運営した。

岩塩
海が干上がって地中に閉じ込められたものと考えられているが、マグネシウム含量が海水と異なるなど、確たる起源はわかっていない。ヨーロッパ、南米、ヒマラヤなどで採取される。

ソーダ工業用
他の金属原子や化合物と反応させたりして別の化学合成物質や化学薬品を作り出すのに使われる。工業用は輸入が多く輸入先はオーストラリアやメキシコ。

1人当たり1日の食塩摂取量の推移（1歳以上）

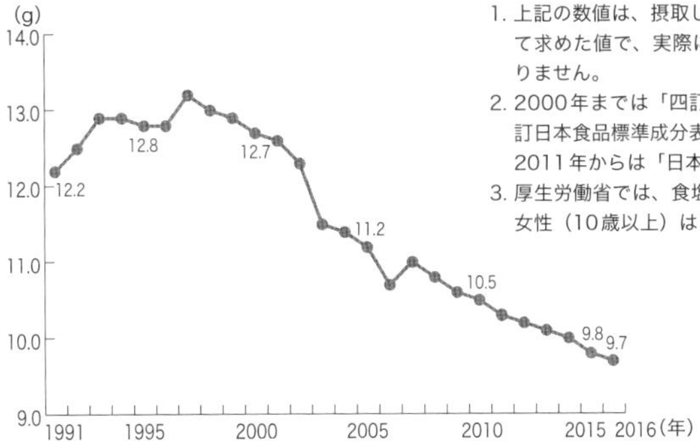

1. 上記の数値は、摂取した食物中に含まれるナトリウム量の数値を2.54倍して求めた値で、実際に調理や味つけに使用した塩量を測定したものではありません。
2. 2000年までは「四訂日本食品標準成分表」、2001年から2004年は「五訂日本食品標準成分表」、2005年からは「五訂増補日本遺品標準成分表」を、2011年からは「日本食品標準成分表2010」を用いて算出しています。
3. 厚生労働省では、食塩の摂取目標量を、男性（12歳以上）は7.5g/日未満、女性（10歳以上）は6.5g/日未満としています。

出典：厚生労働省「国民健康・栄養調査報告」「日本人の食事摂取基準」

塩の用途

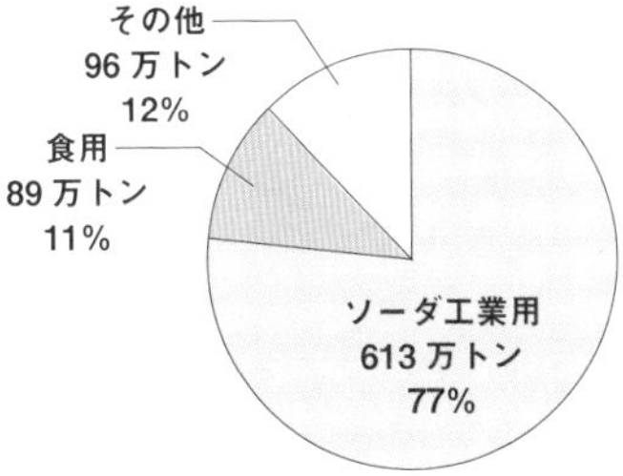

出典：財務省「塩受給実績」

日本への輸入元（2017年度）

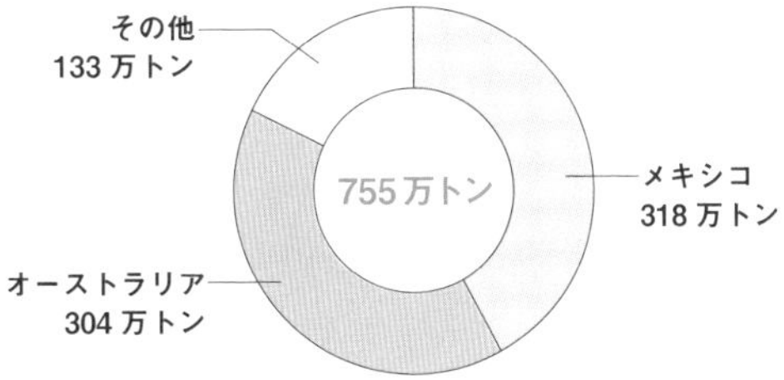

出典：財務省「貿易統計」

世界の塩の需給状況（2017年度）

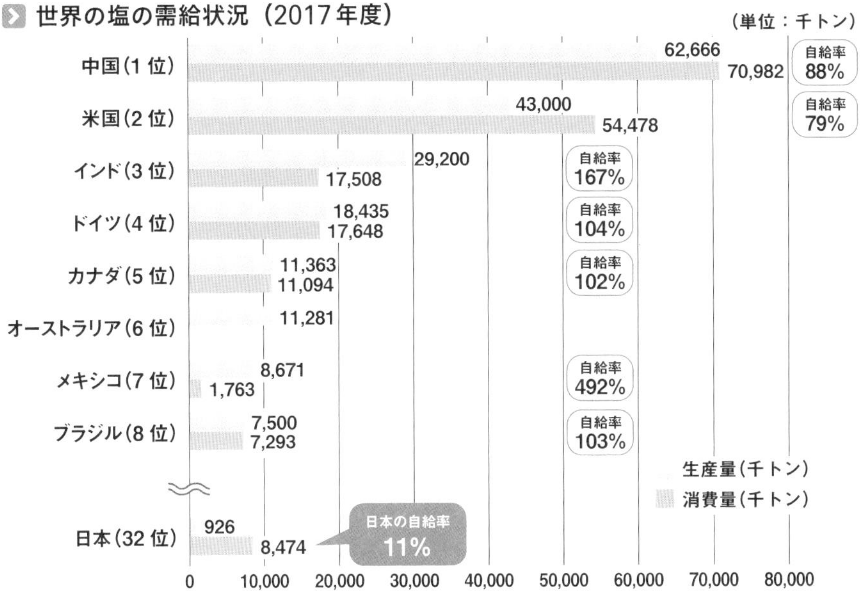

※消費量＝生産量＋輸入量－輸出量とした。
※オーストラリアについては2017年の輸入量・輸出量のデータが入手できなかったため、生産量以外の数値は掲載していない。
出典：World Mineral Production 2013-17（BGS）［推定値含む］、Global Trade Atlas®（GTA）、財務省「貿易統計」

Chapter4
06

農産加工品

農産加工品としては、豆腐、納豆などの大豆加工品、こんにゃく、漬物などがあります。これらは日配品と呼ばれ、中小の製造販売業者がほとんどを占めます。

身近な大豆加工品

大豆はたんぱく質が豊富で、女性ホルモン様作用をするイソフラボンというポリフェノールを含んでいるため、健康機能から注目されています。大豆からは、味噌、醤油のほかにもさまざまな加工品が作られます。豆乳、豆腐、油揚げ、糸引き納豆、塩納豆などがあります。豆乳や栄養補助食品の大豆バーは、売り上げを伸ばしています。

豆腐の世帯当たりの年間消費量は、漸増しています。メーカーは地場の中小業者や個人経営が多くを占めます。1960年代は5万件でしたが、2014年には8,000件まで減少しています。その中でも、タカノフーズ、相模屋食料、さとの雪食品、太子食品工業などの大手企業は、工場の機械化により競争力を付けています。

糸引き納豆は、もともと大豆に存在するイソフラボンのほか、発酵によって増えるビタミンKやポリグルタミン酸、ナットウキナーゼなどの機能成分を多く含み、健康機能を訴求する商品が出てきました。「金のつぶ」のミツカンや、「おかめ納豆」のタカノフーズ、あづま食品が業界上位3社を占めています。

大豆
米国などからの輸入が93%（2016年）を占めるが、大豆油用を除く食品用に限ると自給率は24%（23.1万トン）である。
遺伝子組み換え大豆の使用または不分別の場合、表示義務がある。豆腐や納豆などでは、「国産大豆」や「遺伝子組み換えでない」という表記（任意表示）が多くなっている。

ダイエット食として人気のこんにゃく

こんにゃくは低カロリーで食物繊維が豊富なことから、ダイエット食品としても注目されています。1985年の1世帯当たり4,161円をピークに消費量は減少していますが、直近5年は1,900円で横ばいです。

コンニャクイモは、9割近くが国産で、その9割以上（61,300t、2018年）が群馬県です。ヨコオデイリーフーズ（群馬県）、関越

豆腐の家計消費支出の推移

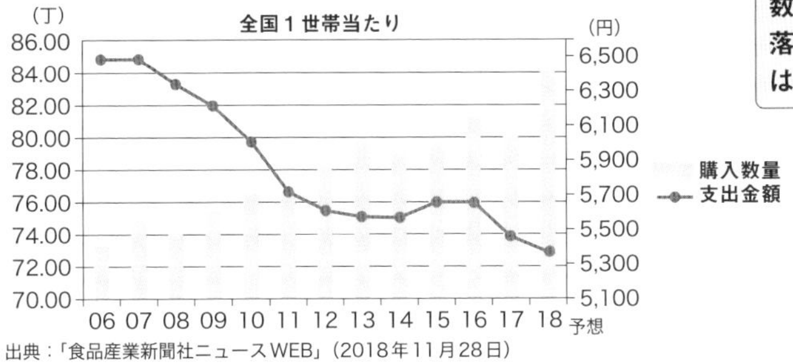

出典：「食品産業新聞社ニュースWEB」（2018年11月28日）

納豆業界の市場規模

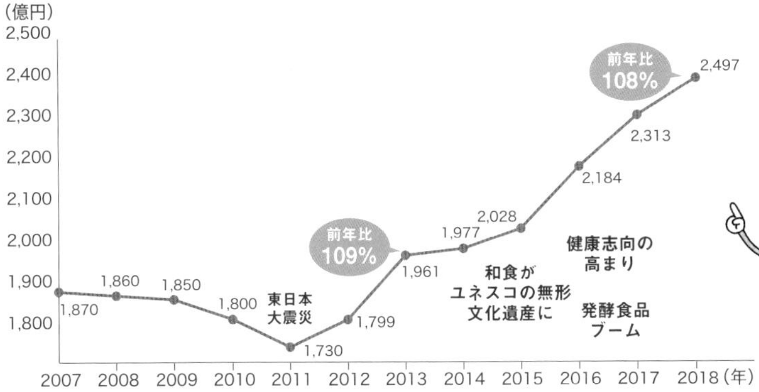

出典：全国納豆協同組合連合会／おかめ「納豆サイエンス」

物産（埼玉県）、アイエー・フーズ（群馬県）、若草食品（奈良県）ほか、全国に地場の中小メーカーが存在します。

全国規模の会社もある漬物

古来、野菜を保存するために発達してきた漬物は、全国に多くの種類があります。基本は塩で漬け込み保存性を増したものですが、乳酸菌（すぐき漬）や麹（べったら漬、酒粕《さけかす》、奈良漬）、醤油漬（たまり漬）、糠《ぬか》漬、梅干しなどさまざまです。各地に特産の漬物があり、多くは中小企業や個人商店ですが、「ご飯がススム」のピックルスコーポレーション、「きゅうりのキューちゃん」の東海漬物、京漬物の西利《にしり》など全国に知られる企業も存在します。

Chapter4
07

加工型製造業②

味噌・醤油

味噌・醤油は日本の食文化を代表する発酵食品であり、日本料理に欠かすことができない調味料です。大豆を主原料にカビの一種である麹菌の力を借りた発酵調味料です。各地に固有の味噌・醤油文化があります。

地域に中小メーカーが多数存在する味噌業界

味噌を作るには、米、麦、大豆などに麹カビを生やし、蒸煮《じょうしゃ》大豆と食塩水を混ぜ合わせ熟成発酵させます。麹菌や混入した乳酸菌や酵母の酵素の力で、でんぷんや大豆のたんぱく質や脂肪を分解し、独特の風味や香りが生成します。麹の原料により、米味噌、麦味噌、豆味噌に分類されます。豆味噌は熟成期間が長く、赤味噌の八丁味噌が有名な中部地方、麦みそは九州、山口など、その他の地方では、米味噌が主流で8割近くを占めます。

麹
カビの一種である麹菌を米、麦、豆などの原料穀物に繁殖させたもの。麹菌には、味噌麹菌、醤油麹菌、清酒麹菌などがある。

地場の中小メーカーが多数存在するのが特徴ですが、全国シェア上位のマルコメ、ハナマルキ、神州一味噌、ひかり味噌は長野県のメーカーです。

味噌の出荷額は、2013年に1,126億8,900万円、2015年に1,195億3,600万円、2017年に1,271億7,800万円とほぼ横ばいです。

海外での消費が伸びている醤油業界

味噌と同様、各地で特有の醤油があり、濃口、淡口《うすくち》、たまり、再仕込み、白醤油に大別されます。淡口醤油は、大豆、小麦に米（甘酒）を加え、高い塩分濃度で着色を抑えたもので、京都など関西料理で好まれます。たまりは中部地方で、再仕込みは中国地方で消費量は多いですが、全体でみると84％（2016年度）が濃口醤油です。濃口醤油は、蒸煮大豆、小麦で種麹を作り、食塩水を加えて諸味《もろみ》とし6か月以上発酵熟成させます。これを圧搾して生揚《きあ》げ醤油とし、火入れして製品とします。

地場のメーカーのほか、江戸時代に大消費地の江戸に近い現在の千葉県野田や銚子では、キッコーマンやヤマサ醤油などの大手

味噌の種類と分布

資料：全国味噌工業協同組合連合会
出典：厚生労働省ホームページ

主な企業の業績（2018年度）

単位：億円

企業名	売上高	営業利益
キッコーマン醤油	4,536 (海外2,730)	384
ヤマサ醤油	581	未公開
イチビキ	235	非公開
正田醤油	222.6	1.6
ヒガシマル醤油	180	10.7
ヒゲタ醤油	104	5.7

注：イチビキは2017年、正田醤油は2015年。

醤油の海外生産量の推移

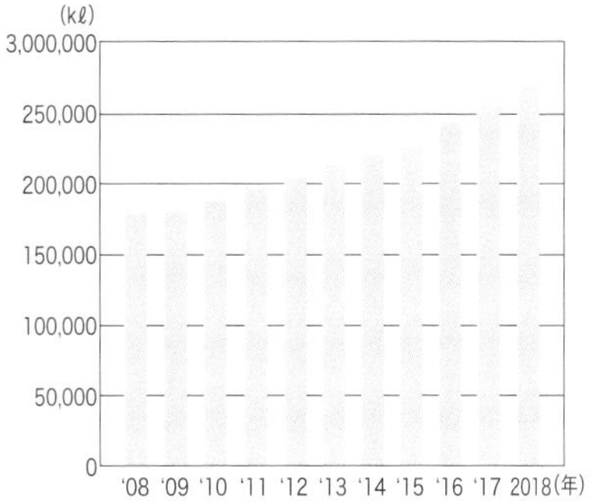

出典：しょうゆ情報センター

メーカーが発達しました。近年、醤油は海外でも認められ、国内の消費量が微減なのに対し、海外での消費量は年々増加しており、大手メーカーは、北米、欧州、アジアなどに生産工場を設けています。

　醤油メーカーは、近年醤油のみならずつゆやだし調味料、鮮度を保持できる新容器などの商品を展開しています。

Chapter4
08

食酢、その他の調味料

醤油や塩に比べると食酢やみりんの使用頻度は少ないですが、料理をよりおいしくするために重要です。また手軽に調理をするためのだし調味料も種類が豊富になってきています。

老舗が多い食酢

食酢は、料理に酸味を付けるときに用いられます。製法により、発酵で作られる醸造酢と合成酢酸を基に作られる合成酢に分けられます。醸造酢は、米などの穀物が原料の穀物酢と、ブドウなどの果物からの果実酢に分類されます。醸造酢は、原料を麦芽や米麹で糖化し、酵母を加えアルコール発酵させたあと、酢酸菌で酢酸発酵させて製造されます。

食酢
和食において調理料は、さ（砂糖）し（塩）す（酢）せ（醤油）そ（味噌）の順に入れるのがよいとされている。

最大手はミツカンで、「味ぽん」などでも有名です。キユーピー醸造、すし酢のタマノイ酢、マルカン酢などの老舗があります。鹿児島県では、陶器の壺の中で糖化、アルコール発酵、酢酸発酵を行う製法で、つぼ酢が作られます。つぼ酢にはアミノ酸などが多く含まれ、色が濃いので黒酢として知られています。霧島市では200年以上前から造られ、坂元醸造、福山黒酢、福山酢醸造（ヤマシゲ）、重久盛一酢醸造場などの黒酢メーカーが操業しています。

つぼ酢
屋外に並べた壺を使って仕込み、自然の太陽光の熱で発酵させる。発酵に6か月以上、熟成に6か月以上の長期熟成で、独特の香りやアミノ酸と糖分のアミノカルボニル反応から色素成分が生まれる。

洋食に使われる酢はビネガーと呼ばれ、イタリア特産のバルサミコ酢など輸入品が多いですが、リンゴ酢はカネショウ、ワインビネガーはアサヤ食品といった国産メーカーも存在します。

そのほか、近年では健康志向から薄めて飲める食酢のドリンクが製造されています。例えばミツカンではリンゴ、梅、ザクロなどのフルーツ果汁を加えたものやカロリー控えめのものなど、20点以上を発売しています。

本みりん、みりん風調味料

照りや甘みを付けるのに用いられるのがみりん（味醂）です。蒸したもち米と米麹を混合し、焼酎またはアルコールを加えたあ

主な企業の業績（2018年度） 単位：億円

企業名	売上高	営業利益
キユーピー（キユーピー醸造）	5,735（1576）	331（153）
キッコーマン	4,536（1747）	384（106）
宝ホールディングス	2,774（1498）	178（57）
ミツカングループ	2,432（388）	348（－）
オエノンホールディングス	772（705）	16（2）

（ ）内は食酢その他調味料含む食品、酒類部門

と、発酵熟成させたものです。本みりんは、アルコールが約14％あるため酒税法の対象です。砂糖より柔らかな甘みや煮炊きした際の照りを付けるために使用されます。アルコールを含まないみりん風調味料や**発酵調味料**も製造されています。

「マンジョウ」ブランドの流山キッコーマン、「富貴《ふうき》」ブランドのオエノングループ、「タカラ」ブランドの宝酒造、「日の出」ブランドのキング醸造などのメーカーがあります。

発酵調味料
アルコールを含むが塩分を含むため飲用できず酒税がかからない。使用時には塩味調整が必要である。

時短料理に欠かせないだし調味料

だしは和食の基本で、昆布から出るグルタミン酸、鰹節から出るイノシン酸、干しシイタケのグアニル酸が主成分です。水産加工品や農産物として売られている鰹節や昆布、干しシイタケなどを購入し、家庭や飲食店で煮出すなどしてだしを作ることが一般的でした。しかし手間がかかるため、だしを大量に抽出して、液体だしや粉末だしとして販売する商品が生まれました。だし調味料なら適量を料理に加えるだけで味が調えられて便利です。

「ほんだし」の味の素、「昆布つゆ」のヤマサ醤油、「本つゆ」のキッコーマンのほか、創味食品やヒガシマル醤油、ヤマキなどのメーカーがあります。

加工型製造業④

ソース・マヨネーズ・スパイス類

野菜や果物に食塩、砂糖、酢、香辛料などを加え熟成させたウスターソース、野菜サラダにかけるマヨネーズやドレッシング、赤色が鮮やかなトマトケチャップなどがあります。

大企業から中小企業までが参入するソース業界

ソースとは液体調味料すべてを意味しますが、一般には英国ウスターシャー州で発明されたウスターソースのことを指します。日本では主にウスターソースを基本として、中濃ソースやとんかつソースなどが販売されています。もともとは西洋料理に使われるものでしたが、現在ではやきそばやたこ焼きなど、さまざまな料理の味付けに使われています。本格的な西洋料理には、デミグラスソースがあり、小麦粉をバターで炒めたルーに牛肉や牛骨、野菜、赤ワインなどを加えて煮詰めたものです。

カゴメ、キッコーマン、ブルドックソース、日本デルモンテ、イカリソース、オリバーソース、オタフクソースなど全国展開しているメーカーのほか、中小メーカーなど多くのソースメーカーがあります。

トマトケチャップ、マヨネーズ、サラダドレッシング

完熟トマトを潰して煮詰めたトマトピューレは、イタリア料理などに用いられます。これに砂糖、塩、酢、各種香辛料などを加えて味を調えたものをトマトケチャップといい、大手メーカーに米国のハインツやデルモンテがあります。日本ではカゴメがトップメーカーで、契約農家とトマトの栽培からこだわった商品作りが特徴です。醤油で知られるキッコーマンはデルモンテブランドでケチャップを製造販売しています。ハインツ日本や、イカリソースなどのソースメーカーもトマトケチャップを販売しています。

マヨネーズは卵黄（全卵のものもある）と酢、油を乳化させた調味料で、野菜サラダなどへのトッピングに使われます。キユー

乳化
酢と油は元来混じり合わないものだが、卵黄に含まれるレシチンという乳化作用を持つ成分のおかげで、激しく撹拌すると混じり合い、なめらかさが安定的に維持される。これを乳化という。

主な企業の業績（2018年度） 単位：億円

企業名	売上高	営業利益
味の素	11,275（3,792）	926（299）
キユーピー	5,735（1,910）	331（198）
キッコーマン	4,536（1,747）	384（106）
カゴメ	2,099（1,577）	120（110）
エバラ	513（435）	24（27）
ブルドックソース	168	7

（　）内は当該部門。味の素とキッコーマンは国内食品部門

ピーと味の素が二大メーカーで、ケンコーマヨネーズが続きます。キユーピーが卵黄のみを使用しているのに対して、味の素は全卵を使用しているのが特徴です。各社、乳化技術を活かして、各種サラダドレッシングなども販売しています。最近では消費者の健康志向を受けて、従来品のカロリー半分をうたったものや、ノンオイルドレッシングなどが開発されています。

サラダドレッシング
酢とサラダ油を混合したもので、果汁やトマトケチャップ、野菜や香辛料を加えることで、イタリアン、サザン、和風などさまざまな種類がある。

スパイス類、その他の調味料

スパイスはほぼ輸入品です。カレーの要《かなめ》なので、カレーメーカーであるエスビー（S & B）食品やハウス食品が多く取り扱っています。朝岡スパイスのような専門業者も存在しています。

焼肉のタレは、エバラ食品工業、日本食研、モランボンなどのほか、上記ソースメーカー、醤油メーカー、味の素など大手も参入しています。

20世紀初頭、鈴木製薬所（現味の素）がアミノ酸調味料「味の素（グルタミン酸ナトリウム）」を商品化し、「うま味」（P.110参照）を世界に広めました。味の素は、アミノ酸研究からスタートして、調味料メーカーから総合食品メーカーとして成長し、だし調味料「ほんだし」やインスタントコンソメ、合わせ調味料「クックドゥ」のほか、インスタントコーヒーのAGF、スポーツ補助食品「アミノバイタル」など多くのブランドを擁しています。

Chapter4
10

素材メーカー

食品製造には主原料となる農作物や畜産物、水産物のほかに、香料や食品添加物などの素材も必要です。業務用製品（B to B）のため一般消費者の目には触れないものですが、重要な役割を果たしています。

食品の香りを引き立てる香料

食品製造に必要な素材としては、香料、甘味料、イースト、酵素、アミノ酸などの食品添加物があります。香料は、食品に使われる場合はフレーバー、化粧品やシャンプーなどのトイレタリーに使わる場合はフレグランスとして区別されています。

食品の香りはさまざまな揮発性成分の集合体であり、天然物から抽出した天然香料と化学合成された合成香料が食品添加物として指定されています。高砂香料工業、長谷川香料、長岡香料、曽田香料、小川香料などの国内メーカーのほか、ジボダンのような海外メーカーの日本法人があります。

食品添加物
食品の製造の過程において加工や保存の目的で、使用するもの。食品衛生法（**8-05**参照）に基づき、製造や加工に必要な製造用剤、風味や外観をよくするための甘味料や着色料、香料など、保存性をよくする保存料や酸化防止剤など、栄養成分を強化する栄養強化剤がある。

その他の食品添加物

総合食品添加物メーカーである三栄源エフ・エフ・アイは、高甘味度甘味料、フレーバー、色素などを幅広く製造しています。太陽化学も同様に乳化剤、増粘剤、機能性食品素材などを扱っています。ユニテックフーズは増粘剤に強く、松谷化学工業は加工でんぷんをはじめ、特保素材である難消化性デキストリンの供給メーカーです。

機能性食品素材
健康、美容に役立つサプリメントなどの機能性食品に使用される。ビタミン、ミネラル、コラーゲン、乳酸菌などさまざま。

製パン製菓に欠かせない酵母は、オリエンタル酵母や日本甜菜製糖などが供給しています。食品を加工する際に使用するリパーゼやプロテアーゼなどの酵素類は天野エンザイムが有力メーカーで、三菱ケミカルフーズは酵素製剤のほか、ビタミンや乳酸菌も取り扱っています。チーズ製造などに必要な酵素や乳酸菌の世界的な供給メーカーであるクリスチャン・ハンセンの日本法人は、発酵・醸造メーカーにとって重要な存在です。

酵素製剤
酵素が主な作用成分である製剤のこと。たんぱく質消化酵素剤、糖転化酵素などがある。

食品添加物の分類

指定添加物	厚生労働大臣が安全性と有効性を確認して指定した463品目（2019年6月6日現在）。
既存添加物	長年使用されていた実績がある365品目。
天然香料	りんごや緑茶、乳などの動植物から得られる着香を目的とした添加物で、一般に使用量が微量であり、長年の食経験で健康被害がないとして使用が認められている612品目。
一般飲食物添加物	一般に食品として飲食に供されているもので添加物として使用されるもの。例に、オレンジ果汁を着色の目的で使用する場合など。

主な食品添加物

- 肉の色を安定した赤色に保ちたい　発色剤
- 混ざりにくいものを混ぜ合わせたい　乳化剤
- 砂糖の代替品で甘みをつけたい　甘味料
- 液体をゼリー状にしたい　ゲル化剤
- 酸化による品質低下を防ぎたい　酸化防止剤
- 自然の色を補いたい　着色料
- 酸味や爽快感をつけたい　酸味料
- 粘性を高めて安定させたい　安定剤
- 香りをつけたい　香料
- 泡立ちを抑えたい　消泡剤
- 豆腐を固めたい　凝固剤
- 粘性を増したい　増粘剤

機能性素材の一覧

体温維持	ショウガオール、ジンゲロール、モノグリコシルヘスペリジン		
疲労軽減、筋肉	BCAA、イミダゾールペプチド		
睡眠	テアニン、グリシン		
ストレス緩和	GABA、テアニン		
血圧	GABA、イワシペプチド、ラクトトリペプチド、クロロゲン酸		
中性脂肪	DHA、EPA、難消化性デキストリン		
体脂肪	イソクエルシトリン、茶カテキン、クロロゲン酸、ローズヒップティリロサイド、プロシアニジン		
骨代謝	クリプトキサンチン、大豆イソフラボン、乳塩基性たんぱく質		
関節	グルコサミン、コラーゲンペプチド、コンドロイチン硫酸、プロテオグリカン		
肌のうるおい	アスタキサンチン、グルコシルペプチド、コラーゲンペプチド、スフィンゴミエリン、ヒアルロン酸		
眼の機能	アントシアニン、ルテイン		
記憶	DHA、EPA	血中コレステロール	プロシアニジン
整腸、血糖値	難消化性デキストリン	目や鼻の不快感	メチル化カテキン

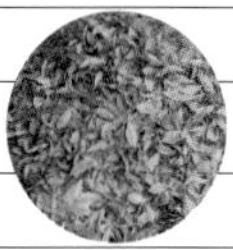

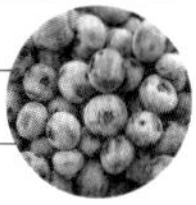

研究開発力が充実した素材メーカーでは、機能性食品素材の製造販売にも力を入れており、丸善製薬、ファーマフーズ、林兼《はやしかね》産業などが挙げられます。

加工型製造業⑥

食肉加工品

ハム・ソーセージ類の生産は堅調に推移しています。しかし各ハムメーカーの定番商品が中心で、新商品が定着しない状況もあります。このため、各社はチルドや冷凍など食肉惣菜品へと多角化を進めています。

ハム、ベーコンに使用する部位は決まっている

ハム・ベーコンの加工品には主に豚肉を使用します。これら以外にローストビーフ、ジャーキーなどの牛肉製品、スモークチキン、サラダチキン（鶏肉を蒸してうすく味つけしたもの）などの鶏肉製品があります。

JASによりハム、ベーコンの使用部位は決められています。食肉処理場で部分肉となった豚肉ロースは、整形のあと、塩、調味料を主体としたピックル液で塩漬され、円筒形に巻締されます。乾燥、燻煙のあと、ボイルして殺菌し、包装してロースハムとなります。ベーコンは塩漬までは同じですが、巻締を行わず燻煙し、ボイルを行わないのが特徴です。ソーセージはひき肉を調味料とこね、ケーシング（豚などの腸、最近はセルロースなど）に詰めて、乾燥、燻煙、ボイルしたものです。世界各地にさまざまな素材や製法を使ったソーセージがあります。

JAS
日本農林規格（**8-03**参照）。

ハム・ソーセージメーカー

2015年、家庭用食品に強い伊藤ハムと業務用食品に強い米久《よねきゅう》が合併し、伊藤ハム米久ホールディングスとなりました。同社には三菱商事が38％出資しています。

最大手は日本ハムで、ハム・ソーセージの食肉加工以外にも、ハンバーグやピザ、惣菜などのチルド、冷凍食品事業があります。自社牧場を有する食肉事業は売上高の57％（2018年）を占め、乳業や水産業など、多角化を進めています。海外展開にも積極的で、世界の食肉業界で５位となっています。国内３位のプリマハムは、伊藤忠商事が40％出資しており、ハンバーグや春巻きな

チルド
食品流通における－5～5℃の温度帯をいい、常温、冷凍に対して冷蔵とほぼ同意。

ハム・ソーセージ類の生産量の推移

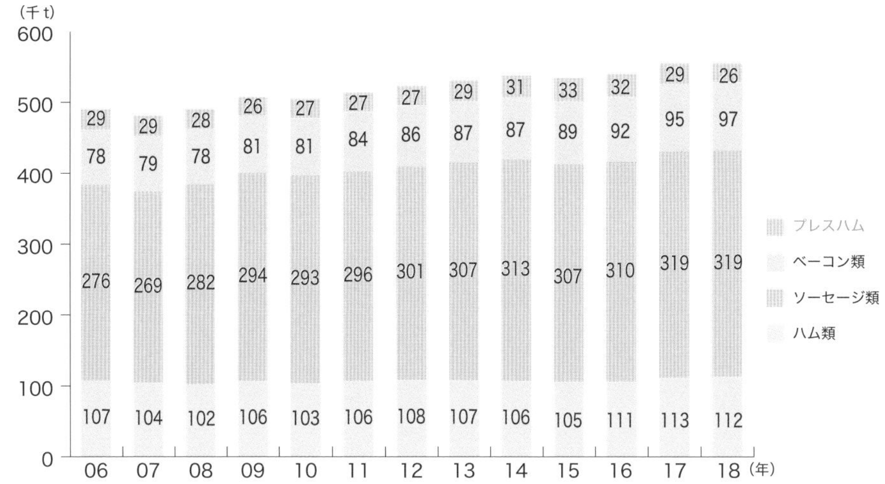

出典：食品産業新聞社ニュースWEB

主な企業の業績（2018年度）

単位：億円

企業名	売上高	営業利益
日本ハム	12,341	322
伊藤ハム米久HD	8,507	144
プリマハム	4,130	131
スターゼン	3,512	47
エスフーズ	3,388	110
丸大食品	2,430	22
林兼産業	444	1.1
滝沢ハム	319	1.2
福留ハム	257	-1.4

（　）内は順に加工食品部門、食肉部門

どのチルド、冷凍食品のほか、子会社ではコンビニエンスストア向けの惣菜事業も展開しています。丸大食品、滝沢ハム、鎌倉ハムなど中堅のハムメーカーや、サイボクハム（埼玉種畜牧場）といった６次産業化の企業もあり、個性的な商品を販売しています。

伝統的な製品のほか、消費者の健康志向を反映した減塩や、安心志向を受けた発色剤不使用といった製品も出てきました。

プレスハム（図中）
豚肉などの細かな肉片をつなぎ合わせて整形するハム。低価格である。

Chapter4
12

乳製品

牛乳は飲用乳ばかりでなく、ヨーグルトなどの発酵乳や、チーズ、バターに加工されます。乳酸菌飲料は、整腸作用などさまざまな機能性が注目されています。

乳・乳製品の分類と市場概況

一般の日本人が乳・乳製品を摂るようになったのは、第二次世界大戦後の学校給食で牛乳が出されるようになってからです。わが国では乳といえば牛乳を指し、牛乳、加工乳、乳飲料、発酵乳など（市《し》乳《にゅう》と呼ぶ）とヨーグルト、チーズ、バターなどの乳製品に分けられます。市乳合計での年間消費量は1997年をピークに減少し、最近10年は横ばい状態が続いています。チーズは保存性が高く、日本人の嗜好に合ったプロセスチーズに加え、味にくせのあるゴーダチーズなどナチュラルチーズの消費も増えています。

飲用乳および発酵乳やチーズなどに用いる加工乳は国産乳ですが、バターやナチュラルチーズ、さらに洋菓子などの原料に用いる粉乳は一部が輸入されています。日本で消費される乳・乳製品全体の約４割が輸入です（生乳《せいにゅう》換算）。

高付加価値に向かう乳業メーカー

最大手の明治乳業は、明治製菓と2009年に合併し、総合食品メーカー明治HDとなりました。積極的に海外展開を進めています。雪印メグミルクは、旧雪印乳業が食中毒事件により2003年に市乳部門を全国農協直販と統合し、日本ミルクコミュニティとして分社化したあと、2011年にアイスクリーム部門、冷凍食品部門を除き、再統合してできた会社です。チーズ、バター、機能性飲料に強みを持っています。森永乳業は、ビフィズス菌ヨーグルトやアイスクリームが強みです。ヤクルト本社は乳酸菌飲料に特化して機能性を訴求する戦略を取っているほか、化粧品や医薬品事業なども拡大しています。タカナシ乳業、小岩井乳業などの

チーズ
乳に乳酸菌スターターおよび凝乳酵素を加え、乳たんぱく質（カゼイン）を凝乳させ熟成させたものをナチュラルチーズという。プロセスチーズは、ナチュラルチーズを溶融塩と一緒に加熱殺菌、冷却して熟成を止め保存期間を長くしたもので、食べやすい風味のチーズを作ることができる。

バター
牛乳から遠心分離機でクリームを分離し、チャーニング（攪拌）により乳脂肪を粒状に凝集させ、練って固めたもの。パンに塗ったり、料理に使用する。

生乳（せいにゅう）
乳牛からしぼったままの殺菌処理をしていない状態の乳のこと。

機能性飲料
特定の健康に期する目的を果たす商品として開発された飲料。同社の製品ではガセリ菌SP株を使用したドリンクタイプのヨーグルトなど。

乳・乳製品の分類

牛乳	乳牛からしぼった生乳を殺菌処理しただけで成分は無調整のもの。生乳の乳脂肪分を0.5～1.5%に減らしたものを低脂肪牛乳、生乳の乳脂肪を0.5%未満に除去したものを無脂肪牛乳と呼ぶ。
加工乳	牛乳や生乳、脱脂粉乳など乳製品を原料としたもの。
乳飲料	生乳や牛乳、乳製品などにカルシウムや鉄、コーヒーや果汁などを加えたもの。
発酵乳	牛乳を乳酸菌で発酵し、乳たんぱく質カゼインを酸凝固させたもの。無脂乳固形分（乳脂肪を除く固形分）が8%以上のものをいう。
乳酸菌飲料	ヨーグルトに水分、香料などを加え、無脂乳固形分が8%未満になるものを乳製品乳酸菌飲料、3%未満になるものを乳酸菌飲料という。

市乳の年間消費量

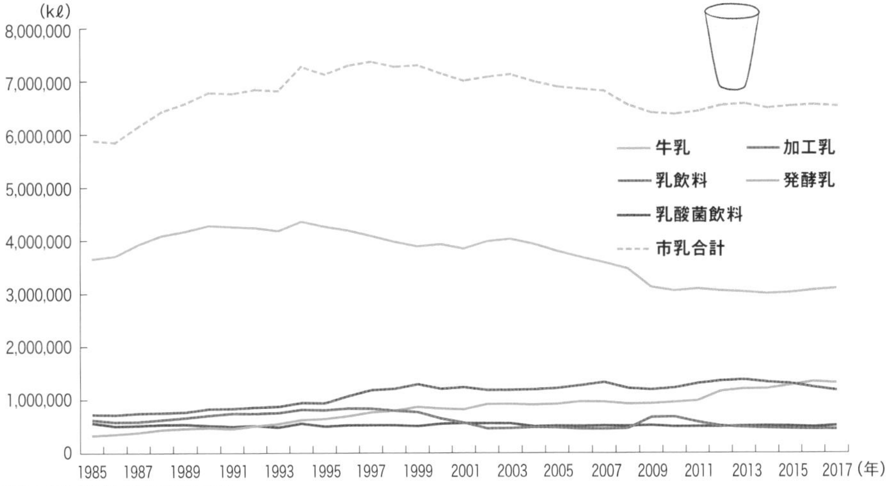

出典：農林水産省「牛乳乳製品統計」

主な企業の業績（2018年度）

単位：億円

企業名	売上高	営業利益
明治HD	12,544（5,066）	984（560）
雪印メグミルク	6,033	172
森永乳業	5,835	223
ヤクルト本社	4,070	458

連結（　）は乳業部門

中小を含め、国内生乳生産の減少を受け、乳原料調達に苦労していますが、消費者の健康志向の需要を受け、各社独自の乳酸菌株などを強みとした高付加価値化を図っています。

Chapter4
13

加工型製造業⑧

水産加工品

日本人は、魚を刺身や焼き魚、煮魚として食べるばかりではなく、保存性を高めるためにさまざまな水産加工食品を発達させてきました。

水産加工品の消費は年々減少している

日本は島国であり国土を海に囲まれているため、古来より魚介類をたんぱく質源として食してきました。しかしながら、国民1人当たりの1年間の魚介類の消費量は年々減少し、2010年には肉類の消費量に逆転されています。この現象は魚離れとして、日本の伝統的な食文化を守る点から課題となっています。その原因として、肉料理など多様な選択肢が増え、また魚の生臭さが敬遠されたこと、魚を調理する際の面倒さなどが挙げられています。これを受けて各水産加工会社では、簡単な魚料理のレシピ提供を行ったり、缶詰など半加工品の味のバリエーションを増やしたり、温めるだけで食べられる調理済み冷凍食品の開発を行ったりなどさまざまな努力をしています。DHA、EPA、カルシウムなどの栄養成分が豊富で、料理レシピへの応用範囲が広いため、女性に人気となった「サバ缶」ブームは最近の話題です。

農林水産省によれば、水産加工品には、丸ごとまたはカットしてすり身にした生鮮冷凍水産物（2017年、約137万トン）、缶・びん詰、食用加工品（同、約157万トン、素干し品、塩干品、煮干し品、塩蔵品、冷凍食品、ねり製品、燻製品、節製品、焼きのり、その他）があり、その他の加工品として、塩辛類、水産物漬、佃煮、海藻類、油脂・飼肥料に分類されています。

DHA
ドコサヘキサエン酸。不飽和脂肪酸の一種で、脳の発達や認知症予防に効果がある。

EPA
エイコサペンタエン酸。不飽和脂肪酸の一種で、中性脂肪・コレステロールの低下や血小板凝集抑制に効果がある。

すり身
スケトウダラなど白身魚の身を採取して水にさらし、凍結変性防止剤として少量の糖類を加えて凍結保存したもの。

ねり製品
魚のすり身を原料としたかまぼこ、ちくわ、はんぺん、さつま揚げ、伊達巻など。

節製品
かつお節、さば節など。

水産業界の現状

企業合併などで規模拡大したマルハニチロや日本水産（ニッスイ）は、水産物調達、すり身などの水産加工製造のほか、国内外でサケマスなどの養殖事業、冷凍食品・缶詰・ねり製品などの家

魚介類・肉類の1人1年当たりの消費量の推移

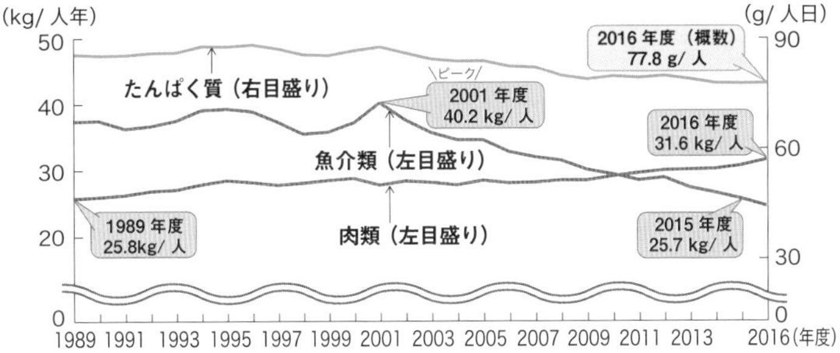

資料：農林水産省「食料需給表」

出典：水産庁「水産白書」

水産加工品の主要加工種類

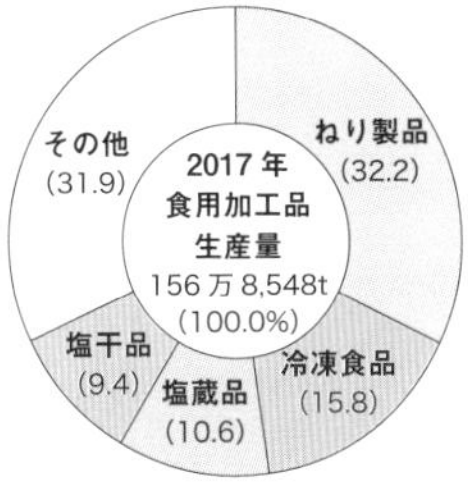

注：割合については、表示単位未満を四捨五入しているため、合計値と内訳の計が一致しない場合がある。

出典：2017年水産加工統計調査（農林水産省）

主な企業の業績（2018年度）

単位：億円

企業名	売上高	営業利益
マルハニチロ	9,225	218
日本水産	7,121	216
東洋水産	4,010（300）	36
極洋	2561	38
はごろもフーズ	799	16
紀文食品	466	9
なとり	463	16
一正蒲鉾	356	13

連結（　）は水産事業

庭用食品製造など、さまざまな事業領域を展開しています。各社ASC認証、MSC認証を積極的に取得しています。極洋は業務用製品が中心です。シーチキンのはごろもフーズはパスタ、調味料などを手掛け、珍味のなとり、ねり製品の紀文、一正《いちまさ》蒲鉾、鈴廣はかまぼこ、ちくわ、おせち用品などで独自の存在感を示しています。これら以外にも全国の漁港周辺に業務用一次加工会社やねり製品や干物類製造加工会社などの中小企業があります。

ASC認証、MSC認証

ASC（Aquaculture Stewardship Council：水産養殖管理協議会）認証は自然環境や労働環境に配慮して養殖された水産物であることを認証している。MSC（Marine Stewardship Council：海洋管理協議会）認証は“海のエコラベル”ともよばれ、水産資源を管理しながら漁獲されたことを認証している。いずれも国際認証で、東京オリンピック・パラリンピック2020の選手村での食材調達用件として挙げられており、GSSI（持続可能な水産物普及のための国際パートナーシップ）加盟のイオンなどが積極的に取り扱っている。

Chapter4
14

加工型製造業⑨

製パン

戦後の食の西洋化とともにパン食の文化が輸入され、私たちの生活に根付いています。学校で米飯給食を推奨した時期から、１人当たりのパンへの出費の伸びは減り、現在まで横ばいとなっています。

パンの種類と製法

パンには、英国発祥で四角い型で焼く食パン、丸や細長く伸ばして焼くフランスパン、あん、チョコレートなどをトッピングした菓子パン、ハムやチーズ、やきそばなどを練りこんだ調理パンなどの種類があります。いずれもパン生地（ドウ）の製法は共通です。たんぱく質が多い強力小麦粉・イースト（酵母）・食塩が基本原材料で、これらに水を加えてよく捏《こ》ねグルテンを形成させたうえで、何段階かの発酵工程を経て焼成します。発酵を調整するためにイーストフードなどを加えることもあります。

イーストフード
製パンに使用するパン酵母を働かせるための食品添加物のこと。

スーパーへ卸す製パン業界は寡占状態

スーパーやコンビニエンスストアのパン売り場では、山崎製パン、敷島製パン（Pasco）、フジパン、第一屋製パン（第一パン）といった大手メーカーが占めています。

山崎製パンは「ロイヤルブレッド」や「超芳醇」などのブランドが有名です。グループ展開も積極的に行っていて、ヤマザキビスケット、不二家、東ハトなどの菓子メーカーや、ベーカリーチェーンのヴィドフランス、コンビニ弁当のサンデリカ、欧米やアジアの海外事業会社など、多彩なグループ会社を擁しています。名古屋を拠点とするフジパンは、「ネオバターロール」が有名です。Pascoブランドの敷島製パンは、「超熟」ブランドのほか、冷凍パンやアジアへの海外進出、フランスのベーカリーPAULを日本で展開しています。第一パンブランドの第一屋製パンはポケモンパンで子どもたちに人気です。

パンの年間生産量の推移

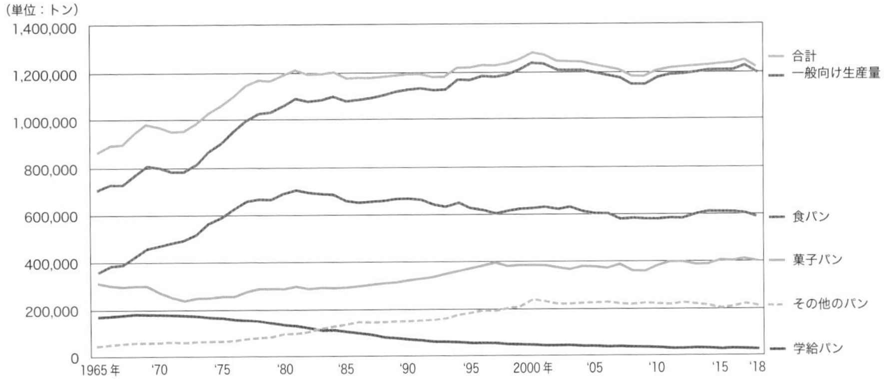

出典：農林水産省「生産動態調査」、総務省統計局「人口推計」

主な企業の業績（2018年度）

単位：億円

企業名	売上高	営業利益
山崎製パン	10,594	243
フジパンG	2,756	84
敷島製パン	1,565	2
第一屋製パン	251	–5
日糧製パン	174	1

焼き立てパンを提供するベーカリーショップ

大手の製パンメーカーが包装した製品を工場から店舗に配送しているのに対して、パンの専門店であるベーカリーショップはフレッシュベーカリーともいわれ、店舗で焼き立てのパンを製造販売しています。

個人経営店や、地域で店舗展開している地域密着型の店では「無添加」「国産小麦使用」「天然酵母」などの特徴を打ち出しているところもあります。

チェーン店では、神戸屋ベーカリー、ドンク、アンデルセン、ヴィドフランス、PAUL、メゾンカイザーなどの企業が駅近やデパ地下、ショッピングモール（P.146参照）で店舗展開しています。

ベーカリー
bakery。パンを製造し販売する店のこと。フランス語でブーランジェリー（boulangerie）ということもある。

駅近
駅ビルや駅周辺にある店舗。

デパ地下
一般的にはデパートの地下にあることが多い、食品フロアのこと。

Chapter4
15

冷凍食品

食品を冷凍することにより長期保存が可能で、解凍して簡単に食べることができる冷凍食品の生産量や種類は、簡便化が求められる現在、ますます需要が増えています。

冷凍食品の歴史と技術、市場動向

冷凍食品が一般に普及し始めたのは、戦後、家庭に冷凍冷蔵庫が普及してからです。女性の社会進出や単身世帯の増加に伴う調理簡便化のニーズや、急速冷凍技術の発達により解凍後の品質が飛躍的に向上したこと、調理済み冷凍食品の出現も消費増加の要因といえます。高度経済成長期は、外食産業の発達に伴い業務用の冷凍食品も増加し、生産量で家庭用を上回っています。バブル経済崩壊後の1997年以降は成長率が鈍化し、国内の冷凍食品工場数と企業数はここ10年で減少しています。その一方、工場当たりの生産効率が向上したことにより、生産量はむしろ増加しています。

調理冷凍食品が伸張

バブル崩壊後の消費低迷により、外食産業では原材料コストに抑制圧がかかるようになりました。そのため、野菜や魚介類を海外の安い労働力で加工冷凍し日本に輸入する「開発輸入」の拡大により、冷凍食品の輸入が増加しました。冷凍野菜は中国（ホウレンソウ、ブロッコリー）、米国（ジャガイモ）、タイ（枝豆）、調理冷凍食品は中国、タイ、ベトナムがそれぞれ輸入国の上位を占めます。しかし、中国からの冷凍食品で**品質事故、事件**が相次いだことや、中国、アジアの経済成長により労働単価が上昇したことから、2008年以降、輸入量の増加率に陰りが見られます。

現在、業務用、家庭用を問わず、調理冷凍食品が冷凍水産物、冷凍農産物、冷凍菓子類を上回っています。冷凍食品が家庭に普及し始めたころは、コロッケなどフライ類は解凍したあとに油で揚げる半加工品（**RTC**）が主流でしたが、最近では電子レンジで

品質事故、事件
2002年に中国産冷凍ホウレンソウから基準値を超える農薬が検出された。2008年には中国の冷凍餃子工場で、意図的に農薬が混入された事件が発覚、2014年にはマクドナルドに納入されるチキンナゲット用の冷凍鶏肉の賞味期限改ざん事件などが起こっている。

RTC
Ready To Cook（調理できるようにカットなど下ごしらえがされている）

業務用・家庭用冷凍食品の国内生産量

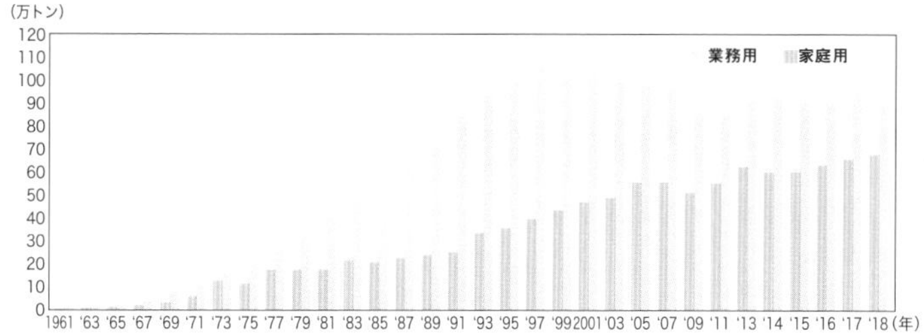

出典：一般社団法人 日本冷凍食品協会「用途別国内生産量の推移」

主な企業の業績（2018年度）

単位：億円

企業名	売上高	営業利益
日本水産（食品事業）	7,121（3,458）	216（119）
マルハニチロ（加工食品）	9,234（2,411）	217（68）
ニチレイ（加工食品事業）	5,801（2,266）	295（146）
味の素冷凍食品	2,126	53
テーブルマーク	1,131	8
極洋（冷凍食品）	2,561（824）	38

連結（　）は冷食部門

解凍してそのまま食べる調理冷凍食品（RTH）、朝、弁当に入れておくだけで、自然解凍により昼そのまま食べられる製品（RTE）がヒットしています。品目別に見ると、コロッケ、餃子など副食的食品に加え、うどん、炒飯のような、それ自体で食事を完結できる主食的食品が上位に上がってきています。

RTH
Ready To Heat（温めればすぐに食べられる）

RTE
Ready To Eat（そのまま食べられる）

冷凍食品メーカーの動向

日本水産（ニッスイ）、マルハニチロ、ニチレイ、味の素冷凍食品、テーブルマークが大手5社です。マルハニチロは、雪印乳業の冷食部門をマルハが子会社化したアクリフーズを経て、マルハニチロブランドとなりました。弁当用の電子レンジ対応カップグラタンや自然解凍食品など、独自の商品展開をしています。ニチレイは業務用が約6割を占めています。味の素冷凍食品は家庭用に強く、アジアや欧州へも輸出しており、海外売上比率が5割を超えています（2019年）。加ト吉が前身のテーブルマークはJT子会社で、冷凍うどんが有名です。

Chapter4
16

レトルト食品

缶詰やレトルト食品は、インスタントカレーをはじめとして、シチュー、パスタソースなどのインスタント食品のほか、介護食や災害備蓄食として用途が広がっています。

缶詰とレトルト食品の歴史

19世紀に登場した缶詰と瓶詰は、密閉した食品を沸騰水（100℃）で加熱することで食品の長期保存を可能にする画期的な技術でした。レトルト殺菌はこれをさらに進め、加圧して120℃で加熱する技術です。戦後、米国では、軍隊食や宇宙食として、より軽く携行しやすいフィルムを積層（ラミネート）するパウチを使ってレトルト殺菌した保存食が開発されました。これを日本で商品化したのが、1968年に発売された大塚食品の「ボンカレー」です。現在ではボンカレーを含め、ほぼすべてのレトルト食品でアルミ箔をラミネートまたは蒸着したアルミパウチを使い、賞味期限（P.31）も2年となっています。

カレーから始まったレトルト食品ですが、シチュー、パスタソース、スープなどある程度流動性を持った煮込み料理に広がっています。最近では、衛生面が特に必要なベビーフードで、瓶やパウチ入りの、開封してそのまま与えられるものがあります。赤ちゃんの成長に合わせ、食べやすい柔らかさを選ぶことができます。飲みこみやすさが求められる介護食（加圧加熱することで骨まで食べられる魚料理など）にも応用されており、介護の度合いに応じて歯茎や舌でつぶせる柔らかさからペースト状のものまでそろっています（P.28）。

レトルト殺菌
オートクレーブと呼ばれる高圧加熱釜で120℃で4分間以上の処理を行い微生物を死滅させる技術。

積層
プラスチックフィルムは素材によって、酸素を通すもの、水蒸気を通すもの、耐熱性などさまざまな性質を持っている。アルミ箔は光もガスも通さない。性質の違うフィルムを重ね合わせ（ラミネート）、ガスバリア性や遮光性など、望ましい性質を持ったフィルムを作ることができる。

レトルト食品メーカーの動向

缶詰やレトルト食品は、食品を詰める充填機とレトルト殺菌機があればできるため、大手からOEMメーカーまで、多くのメーカーがあります。缶詰では、水産系のはごろもフーズ、マルハニ

OEMメーカー
Original Equipment Manufacturer。委託生産、すなわち相手先ブランドによる製造のこと。発注社から製造を受託し、発注社の製品として出荷する方式を言う。

レトルト食品生産数量の推移

単位 内容重量：トン / 箱数：千箱

	2014年		2015年		2016年		2017年		2018年	
	内容重量	箱数	内容重量	箱数	内容重量	箱数	内容重量	箱数	内容重量	箱数
カレー	147,303	22,260	145,483	21,721	153,185	23,197	156,245	23,724	161,711	24,346
シチュー	2,297	339	2,500	314	2,500	314	3,260	425	3,736	453
スープ類	17,397	2,652	14,909	2,475	15,543	2,445	15,699	2,624	15,543	2,684
パスタソース	38,719	5,612	33,265	4,469	32,444	4,338	32,693	4,268	31,665	4,328
料理用調理ソース	43,628	7,115	44,617	7,212	42,879	7,058	43,529	7,093	44,275	7,175
レトルト食品合計	367,647	53,715	362,560	52,456	364,368	53,036	374,597	54,136	379,521	55,676

出典：公益財団法人日本缶詰びん詰レトルト食品協会

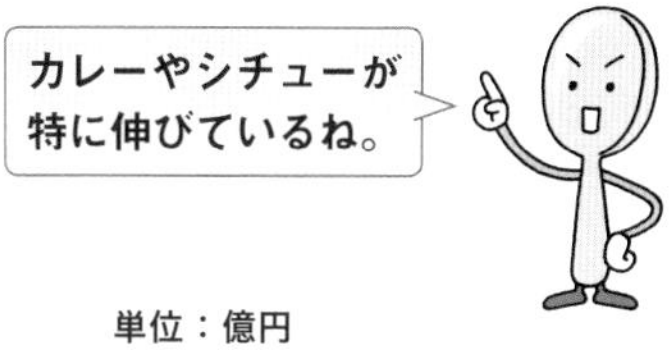

主な企業の業績（2018年度）

単位：億円

企業名	売上高	営業利益
味の素	11,275（1,910）	926（325）
大塚食品	4,154	74
江崎グリコ	3,503（959）	167（61）
ハウス食品グループ	2,967（1,412）	176（127）
エスビー食品	1,424（1,244）	64（71）

（　）内はレトルト食品含む食品・加工部門。味の素は国内加工食品部門

チロ、日本水産（ニッスイ）、焼き鳥のホテイフーズ、ノザキコンビーフの川商フーズなどが有名です。レトルト食品では、ミックス調味料「クックドゥ」の味の素、カレーやシチューのハウス食品、エスビー食品、江崎グリコ、大塚食品、パスタソースの日本製粉（ニップン）、日清フーズなどが知られています。ベビーフードでは、明治、雪印ビーンスターク、森永乳業、江崎グリコ（アイクレオ）、キユーピー（瓶詰もあり）、アサヒグループ食品（和光堂）、ピジョンなどがあり、介護食ではマルハニチロやキユーピーも展開しています。

加工型製造業⑫

Chapter4
17

インスタント食品

インスタント食品（即席食品）とは、保存性があり、お湯をかけるなど簡単な調理ですぐに食べられる食品のことです。ここではインスタントラーメンと乾燥食品をインスタント食品として扱います。

インスタントラーメン（即席麺）の誕生

1958年にチキンラーメンを開発した日清食品創業者の安藤百福氏は食品界のイノベーターといえます。当時の乾麺は、食べるまで数十分煮込む必要がありました。チキンラーメンはおいしくて飽きが来ない味、調理に手間がかからない簡便性、家庭に常備できるような保存性、値段の安さ、安全で衛生的という「コンセプト」のもと、天ぷらの原理を応用した油熱乾燥着味麺という新しい技術で作られました。お湯をかけて３分間で食べられるという利便性から、爆発的に普及しました。類似品が多数出現しましたが、1964年に日本即席食品工業協会を設立、特許を取得し、その使用（実施）契約を結ぶことで、業界の品質低下を防ぎました。

袋入りのチキンラーメンは発売当初から海外に輸出されましたが、その後、**カップヌードル**に進化を遂げました。カップヌードルのために開発された発泡スチロールの容器は乾燥具材を入れた保管容器、お湯を入れる調理容器、そのまま食べる食器という３つの役割をもった画期的なものでした。

インスタント食品（タイトル中）
ここで扱うもののほか、缶詰、瓶詰の一部やレトルト食品、冷凍食品などもインスタント食品の範疇に入る。

カップヌードル
安藤氏が米国での商談の際、試食のため間に合わせで紙コップにチキンラーメンを割り入れ、割りばしがないのでフォークで食べたことにヒントを得て、カップヌードルを思いついたというのは、有名なエピソード。

即席麺メーカーは寡占状態!?

袋麺、**カップ麺**は、各社でそれぞれ開発競争が行われ、袋麺はスープが別になり、油を使わないノンフライ麺が開発されました。2018年度の即席麺の出荷額は、5,934億円でした。日清食品が最大手で、国内で５割以上のシェアを持ち、海外でも広く展開しているほか、「チャルメラ」で有名な明星食品を子会社化し、スナック菓子の湖池屋にも出資しています。毎年多くの新製品を発

カップ麺
街のラーメン店の味を再現するレベルの製品を発売するに至っている。

即席ラーメンの国内生産量の推移

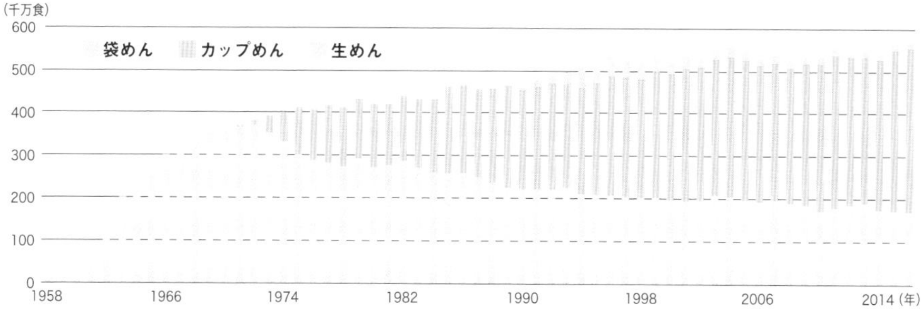

出典：一般社団法人　日本即席食品工業協会

主な企業の業績（2018年度）

単位：億円

企業名	売上高	営業利益
日清食品ホールディングス （うち明星食品）	4,510 (399)	290 (20)
東洋水産	4,011	237
サンヨー食品 （うちエースコック）	1,804 (440)	255 (4)

売しているところが強みです。「マルちゃん」の東洋水産は「マルちゃん正麺」、「赤いきつねうどん」と「緑のたぬき天そば」が有名で、米国で即席麺市場の約７割、メキシコでは約９割と高いシェアを占めています（2017年）。サンヨー食品には「サッポロ一番」、傘下のエースコックには「エースコック　ワンタンメン」や「スープはるさめ」などがあります。また、サンヨー食品は中国のカンシーフをグループ会社にしています。

その他のインスタント食品メーカー

　粉末スープや、凍結乾燥（フリーズドライ：FD）の味噌汁もお湯をかけるだけで調理が完成するインスタント食品です。もともとインスタント食品の具材としての業務製品が主流で、メーカーとしてはアスザックフーズ、日本ジフィー食品、アサヒグループ食品（アマノフーズ）などがありますが、現在では家庭用食品も積極的に販売しています。

凍結乾燥
食品を完成した状態で凍結し、真空乾燥する技術のことで、お湯での復元が容易で、乾燥のための熱が過剰にかからないため、風味が良いのが特徴である。

Chapter4 18

清涼飲料

清涼飲料は、乳製品類やアルコール飲料を除く飲料を指します。炭酸飲料、果汁飲料、スポーツ飲料、茶系飲料、コーヒーなどさまざまなシーンに合う清涼飲料は、新商品の開発競争が熾《し》烈《れつ》です。

清涼飲料の種類と市場規模

18世紀後半、欧米での炭酸飲料の発明に端を発しています。日本では1868年に外国人居留地でレモネードなどの製造が始まり、1907年の三ツ矢サイダー（現アサヒ飲料）、1909年のリボンシトロン（現ポッカサッポロフード＆ビバレッジ）の製造を経て、第二次世界大戦後、1954年に明治製菓（現明治HD）の缶入りオレンジジュース、1957年にコカ・コーラの商業生産が始まりました。その後、缶コーヒー、缶紅茶、スポーツドリンク、ミネラルウォーター、ウーロン茶、ペットボトル緑茶と広がっていきました。近年では健康志向の高まりもあり、特定保健用食品などの機能性飲料も増えています。清涼飲料の市場規模は約5兆2,000億円（2018年）で、猛暑の影響もあり、年々成長しています。品目別では、特保コーラなどの出現により炭酸飲料が1位で、ミネラルウォーター、コーヒー飲料等、緑茶飲料と続きます。

中小から大手の清涼飲料メーカー

飲料は9割以上が水分であり、殺菌および静菌技術が要となります。実際の製造では、原材料の溶解、調合から殺菌、充填、密栓、梱包まで連続した製造ラインであり、十分な安全性を考慮し加熱条件が設定されます。清涼飲料の容器形態は、瓶、缶、ペットボトル、紙パックが主流です。

日本で清涼飲料が一般に広まるきっかけとなったコカ・コーラ社は、米国コカ・コーラ社の日本法人が、国内のボトリング会社（ボトラー）とフランチャイズ契約を結び、原液供給をして、ボトラーが充填・販売するというビジネスモデルを採っています。当

殺菌・加熱条件
食品衛生法に基づく規格基準では、スチール缶飲料は、コーヒー、果汁飲料などpH4.6以上の中性飲料に多く用いられ、120℃で4分以上のレトルト殺菌を行う。瓶、ペットボトル、アルミ缶の炭酸飲料などは、85℃以上で数分の加熱殺菌し、熱いまま容器に充填密封するホットパック充填を行う。120℃以上でUHT殺菌したあと、無菌的に充填密閉する無菌充填も増えてきている。

ボトリング会社
飲料をボトルに詰めて製品にする会社のこと。

清涼飲料品目別生産量推移

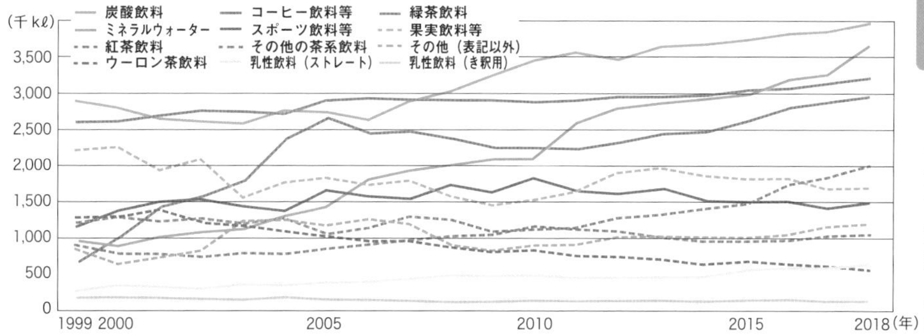

出典：一般社団法人 全国清涼飲料連合会

主な企業の業績（2018年度）

単位：億円

企業名	売上高	営業利益
サントリーHD	25,172（12,942）	2,509（1,353）
アサヒG	21,202（3,688）	2,117（345）
キリンHD	19,305（2,948）	1,993（233）
大塚HD	12,909（1,179）	1,083
コカ・コーラG	9,826	167
サッポHD	5,218（1,272）	108（20）
伊藤園	5,041	228
ヤクルト本社	4,070	458

連結（ ）は飲料部門

注：コカ・コーラGは、コカ・コーラボトラーズジャパンHDと北海道コカ・コーラボトリングの合算。

初は「コカ・コーラ」や「ファンタ」といった輸入原液の取り扱いが多く、各都道府県にボトラーがありました。最近では「ジョージア」「爽健美茶」「綾鷹」など日本で開発された商品群が過半数となり、ボトラーも整理統合されて5社となっています。自動販売機の設置台数が1位なのも強みです（2016年現在76万台）。

サントリーは「ペプシ」や「ボス」などのブランドのほか、健康機能研究（**4-21**参照）を活かした「黒烏龍茶」や「伊右衛門」が強みです。キリンは、「キリンレモン」というロングセラー商品のほか、「午後の紅茶」「生茶」などがあります。「三ツ矢サイダー」のアサヒ飲料、「お～いお茶」の伊藤園、「ポカリスエット」の大塚製薬など、大手企業が多いのが特徴です。一方、各地に中小のメーカーがあります。

Chapter4
19

酒類

人類の発生時から存在したと考えられており、紀元前4世紀にはすでにワインの記録がある酒類ですが、近年アルコール離れが言われています。アルコール飲料は、国税庁の酒税法で定義され、製造・販売に免許が必要です。

アルコール飲料の種類

酒税法では、アルコール分1度（1％）以上の飲料を酒類といいます。最近人気のノンアルコール飲料は含まれません。製造法で分類すると、穀物や果実を酵母でアルコール発酵させる日本酒（清酒）、ビール、ワインなどの醸造酒、醸造酒を蒸留する焼酎、ブランデー、ウイスキーなどの蒸留酒、梅酒などの混成酒があります。

日本酒（清酒）
「清酒」は、「米、米麹を発酵させ、こしたもの」として、酒税法で定義されている。「日本酒」は一般の呼び名だが、ラベルには「日本酒」と表示してもいいことになっている。清酒の定義に、「こしたもの」とあることから、「どぶろく（濁酒）」は清酒に分類されない。ただ濁っていても（にごり酒）、濾過の工程を経ていれば「清酒」である。

市場規模は微減でも輸出に期待

健康志向や飲酒機会の減少などで、成人1人当たりの消費量が減少していることから、酒類全体の市場規模は微減傾向が続いています。種類別ではビール系飲料が過半数を占めますが、ビールの消費はここ20年で大きく減少し、酒税が安い発泡酒でも減少が続いています。一方で増加しているのが、チューハイや、ビールに類似した新ジャンルです。

日本酒やウイスキーは2000年に入って以降、減少が続いていましたが、減少に歯止めが見られます。どちらも海外でよさが再評価されたためか、輸出量が増加していることもその要因です。

2019年10月の消費税増税では、一般食品に適用された軽減税率8％は酒類には適用されず10％となったため、消費への影響が懸念されます。

ビール系飲料
現在、350ml当たりの酒税は、ビール77円、発泡酒46.99円、新ジャンル28円だが、2026年にかけて段階的に54.25円へと統一される。

大手4社と中小メーカー

企業規模では、アサヒHD、キリンHD、サントリーHD、サッポロHDの4社が大きいのが特徴です。ビール系飲料のシェアは、

酒類の出荷量の推移

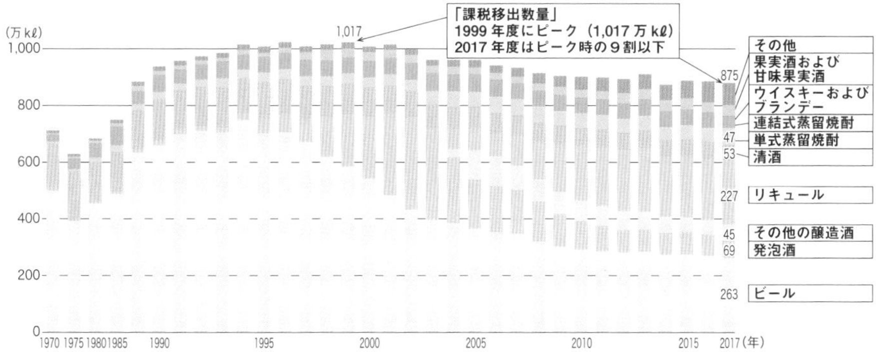

出典：国税庁「酒のしおり」（2019年３月）

主な企業の業績（2018年度）

単位：億円

企業名	売上高	営業利益
サントリーHD	25,173（7,541）	2,509（1,330）
アサヒG	21,203（9,194）	2,118（1,074）
キリンHD	19,305（6,887）	1,993（827）
サッポロHD	5,219（2,649）	108（100）
宝HD	2,774（1,498）	178（56）

（　）内は酒類部門

2019年のデータでは、主力の「スーパードライ」のアサヒを、「一番搾り」のキリンが猛追し、「プレミアムモルツ」のサントリー、「黒ラベル」のサッポロと続きます。新ジャンルでもキリン「本麒麟」、サントリー「金麦」など各社熾烈な争いをしています。

チューハイなど低アルコール飲料分野では、サントリー「ストロングゼロ」、キリン「氷結」「本絞り」、アサヒ「もぎたて」に加え、宝酒造「焼酎ハイボール」が存在感を示しています。焼酎では霧島酒造、三和酒類「いいちこ」、オエノングループの合同酒精、福徳長酒類、秋田県発酵など、多くのメーカーがあります。日本酒は、白鶴、月桂冠、松竹梅宝酒造、大関などの大手のほかにも、多くの地場メーカーがあります。

国産ウイスキーは、サントリー、アサヒグループ（ニッカウヰスキー）が二大メーカーですが、キリンほか、各地にクラフトウイスキー蒸留所ができています。キリン、サントリーは積極的にM&Aを進めてグローバル化を図っています。

蒸留

穀物や果実を発酵させただけでは、アルコール分が20%程度しかできず、アミノ酸などの雑味成分も生まれる。これを加熱してアルコール分を蒸発させ、冷却回収することでアルコール濃度60～90%まで高める操作が「蒸留」である。

Chapter4
20

菓子

和洋菓子、高級スイーツから駄菓子まで、多種多様な菓子類ですが、供給側も大手から中小まで多くの企業があります。

菓子類の分類と市場規模

洋菓子は明治以降、西洋から日本に入ってきた菓子、和菓子はそれ以前に定着していた菓子のことを指します。それらは水分含量により生菓子・半生菓子・干菓子に分類されます。和洋干菓子は容器包装され賞味期限が長く、大手メーカーが多いですが、半生菓子、生菓子は日持ちがしないため、中小メーカーや個人商店による製造販売が主体となります。

菓子類の市場規模は、約3兆4,000億円と、年々増えています(2018年全日本菓子協会調べ)。小売金額ベースで内訳を見るとチョコレート類、和生菓子、スナック菓子、洋生菓子、ビスケット類、米菓という順になります。

洋菓子
例えば、生菓子にはショートケーキ、シュークリーム、ワッフル、タルトなど、半生菓子には砂糖漬けなど、干菓子にはキャラメルやチョコレート、ビスケット、スナック菓子などがある。

和菓子
例えば、生菓子にはようかん、どら焼き、大福もちなど、半生菓子には甘納豆など、干菓子にはあられや落がん、かりんとうなどがある。

調温 (テンパリング)
チョコレートの原料であるカカオバターの結晶を安定させるために行う作業のこと。溶かしたカカオバターを冷やし固めるときにそのまま固めると口当たりの悪いものになるため、一定の温度にまで下がったところでわずかに温度を上げてから冷やし固める必要がある。

菓子にも健康志向と写真映えが！

チョコレートは、カカオ豆を摩砕《まさい》、微粒化、調温 (テンパリング)、形成して作ります。近年は乳化剤をできるだけ使用しない高カカオチョコレートや、健康機能を訴求したチョコレートの人気売上が伸びています。ポテトチップスは、ジャガイモをスライスし油で揚げ食塩などで味付けします。国産ポテトを使用するなど差別化を工夫しています。チューインガムでは甘味料にキシリトールなど虫歯になりにくい糖類を使用し、特保として販売している商品もあります。ケーキ類は、小麦粉・卵・牛乳・砂糖・ベーキングパウダーを混ぜて、焼成して作ります。最近のインスタグラムなどSNSの普及で、外見が美しい「インスタ映え」するコンビニスイーツなどが人気となっています。

売上高の内訳（2018年）

単位：億円

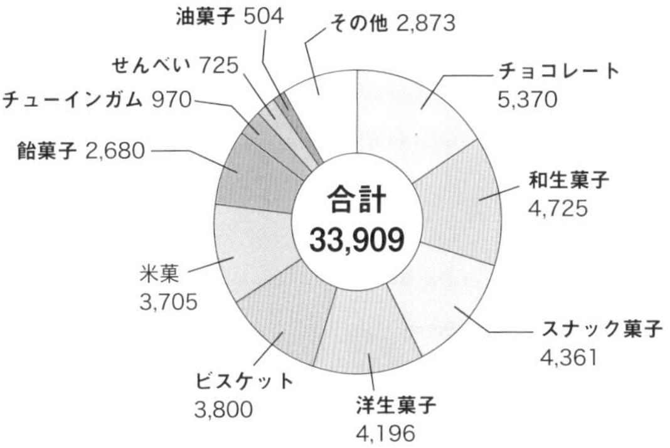

出典：全日本菓子協会「平成30年菓子生産数量・生産金額及び小売金額　推定」（2019年4月16日）

主な企業の業績（2018年度）

単位：億円

企業名	売上高	営業利益
明治HD	12,544（10,566）	984（848）
江崎グリコ	3,502（1,872）	167（100）
カルビー	2,487	270
森永製菓	2,054（1,968）	202（196）
ブルボン	1,176	44
不二家	1,052	24
亀田製菓	1,000	53

（　）内は菓子含む食品部門

よく知られている菓子メーカー

スナック菓子のカルビー、チョコレートのロッテ、江崎グリコ、ネスレ日本、森永製菓、明治、ブルボン、不二家、米菓の亀田製菓などが大手メーカーです。

生洋菓子では、シャトレーゼは路面店での展開、デパ地下、駅ナカではユーハイム、モロゾフ、メリーチョコレート、アンリシャルパンティエなどの製造販売業があります。

コンビニスイーツのベンダー（P.106参照）として、やまひろ、正栄デリシィ、わらべや日洋、シェフォーレ、モンテール、ロピア、コスモフーズ、エスアイシステムなどがあります。

キシリトール
シラカバの樹液から取れる天然甘味料で糖アルコールの一種。非う蝕性といって、虫歯の原因菌のエサにならないため、虫歯になりにくい性質がある。

美容・健康食品（機能性食品）

サプリメント、栄養補助食品を含む美容・健康食品（通称、機能性食品ともいう）は、健康や美容の維持増進のために販売されており、飲料や錠剤、グミなどさまざまな形態で販売されています。

保健機能食品と一般食品

乳児や病者など栄養面で特別な食事が必要な人を対象にした許可制の「特別用途食品」に加えて、高血圧や糖尿病の「予備群」に向けて一定の機能の表示を例外的に認めたのが、1991年に制度化された「特定保健用食品（特保）」です。生活習慣病に対する医療保険支出を軽減することが期待されています。特保の許可を取得すれば国のお墨付きを得られるため、研究開発力の高い大手企業を中心に特保製品の販売が相次ぎ、「特保ブーム」が起こりました。その後、既報論文から有効性を確認するなど一定の学術的エビデンスがあれば企業の責任で表示してもよい「機能性表示食品」の制度が2015年に始まりました。視機能や皮膚など、特保では認められなかった機能へと範囲が広げられたため、中小の食品メーカーを含め、2020年1月時点で2,600品目を超える多くの商品が販売されています。

それまでいわゆる健康食品として販売されていた食品は、保健機能食品制度の開始により順次移行していきました。しかし、新規の食品成分で学術的エビデンスが不十分な食品などは、たとえ錠剤などサプリメント形態であっても法的には一般食品であり、身体への効果効能を明示することはできません。

特定保健用食品（特保）
血圧や体脂肪などが気になる人を対象とした食品。取得するにはヒト実験などの学術的な審査を通過しなければならずハードルが高い。

機能性表示食品
特保と同様、健康の維持増進のための食品であるが、学術的なエビデンスなどを届け出たうえで事業者の責任で機能を表示することができる。

身体への効果効能を明示することはできません
機能成分の名称と含有量は表示することができる。青汁やプロテイン食品も一般食品が多いのが現状である。

美容・健康食品メーカーの伸長

特保は、緑茶カテキン、コーヒークロロゲン酸の体脂肪燃焼効果を解明し「ヘルシア」ブランドで飲料展開している花王、ケルセチン配糖体、ウーロン茶ポリフェノールで体脂肪低減効果を訴求しているサントリー、独自の乳酸菌でヨーグルトの整腸効果を

食品の区分

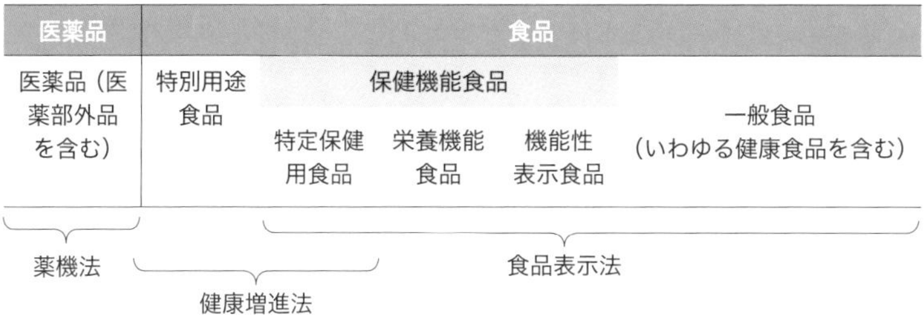

栄養機能食品（図中）
高齢化や食生活の乱れなどにより、通常の食生活を行うことが難しく、1日に必要な栄養成分を摂れない場合に、その補給・補完のために利用する食品。

健康食品の市場規模

注1　メーカー出荷金額ベース。
注2　2019年度見込値（2019年12月現在）。

出典：株式会社矢野経済研究所「健康食品市場に関する調査（2020年）」

訴求している明治、森永乳業、雪印メグミルク（体脂肪低減特保ヨーグルトもある）、「リビタ」ブランドで特保商品を展開している大正製薬など、研究開発力が充実した企業が有力です。

機能性表示食品は、以前からサプリメントを展開しているファンケル、DHC、アサヒヘルスフード「ディアナチュラ」、大塚製薬「ネイチャーメイド」をはじめとした大手とともに、中堅メーカーもこの分野に参入しています。コラーゲン食品などの美容食品は、明治や資生堂、ポーラ、ファンケルなどが有力メーカーです。

これらの美容・健康食品は、ドラッグストアでの品揃えが豊富ですが、最近はスーパーマーケットやコンビニエンスストアでも販売されています。

コラーゲン食品
肌の成分であるコラーゲンの補給、または肌のコラーゲン合成を高め、肌のハリなどが期待できる。アンチエイジングとして中高年女性に需要が高い。

Chapter4
22

中食

中食《なかしょく》である惣菜・弁当を製造し、コンビニエンスストアなどへ供給している「ベンダー」は、B to B（Business to Business）企業です。

消費者ニーズによって伸びる中食

孤食化・個食化
それぞれ孤独食、個別食のこと。前者が単身者などが1人で食事を取る行為をいい、後者は家族であってもそれぞれが別々のメニューを取る行為をいう。

1-02でも述べたように、社会情勢の変化に伴い喫食の**孤食化・個食化**、調理の時短化、簡便化のニーズが増えたことにより、中食産業は拡大しました。スーパーマーケット・デパ地下・コンビニエンスストアなどでの中食市場が増大しています。スーパーマーケットやデパ地下では、セルフ販売と対面販売の違いはありますが、基本的に店舗で調理して量り売りするスタイルです。コンビニエンスストアでは、あらかじめ包装された弁当、おにぎり、惣菜、調理パンなどを販売しています。

技術開発力が期待されるコンビニベンダー

ベンダー
ベンダーとは供給業者のことだが、食品産業では特にコンビニエンスストアに中食を供給するメーカーのことを指す。

各コンビニエンスストアチェーンに**ベンダー**と呼ばれる製造企業があり、全国に展開する店舗へ商品を供給しています。

惣菜や弁当、調理パンのおいしさは、コンビニエンスストアの売り上げに直結するため、ベンダー各社がさまざまな技術開発を進めています。例えば、ある惣菜専用の製造機械を開発したり、サンドイッチの具材によって食感や調味液とのマッチングが異なるため、食パンの材料の配合や厚みを変えたりする工夫をしています。

わらべや日洋は、セブン-イレブン・ジャパン（SEJ）を主要顧客として26工場を擁《よう》し、おにぎり、惣菜、調理パン、和菓子などを供給しています。SEJへはフジフーズ、プライムデリカ（プリマハム系）、エスアイシステム（雪印メグミルク系）、武蔵野フーズも供給しています。ファミリーマートへはシノブフーズ、カネ美食品、トオカツフーズ、ローソンへはサンデリカ、日本クッカ

業態別の構成比（2018年）

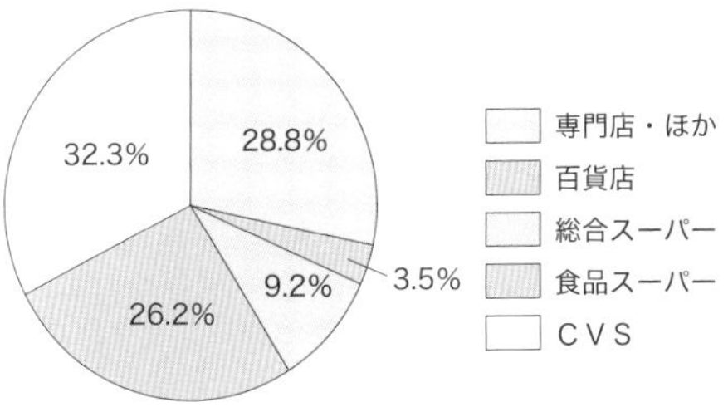

カテゴリー別の構成比（2017年）

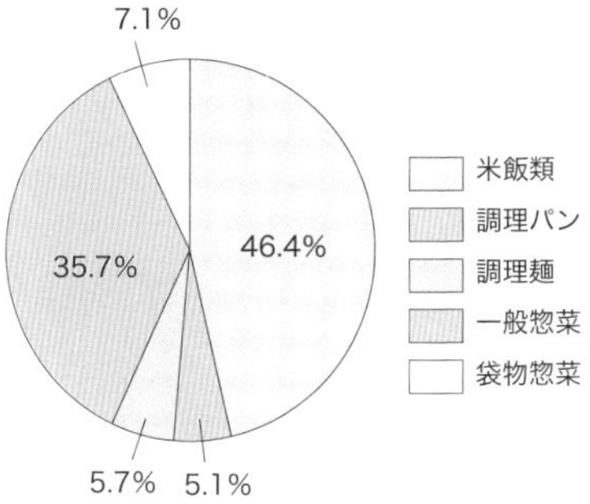

主な中食ベンダーの業績と販売先（2018年度）

単位：億円

企業名	売上高	販売先
わらべや日洋	2,157	セブン-イレブン・ジャパン
武蔵野フーズ	1,474	
サンデリカ	1,186	ローソン
フジフーズ	1,020	セブン-イレブン・ジャパン
プライムデリカ	964	セブン-イレブン・ジャパン
カネ美食品	824	ファミリーマート
日本クッカリー	709	ローソン
トオカツフーズ	664	ファミリーマート

主な惣菜メーカーの業績（2018年度）

単位：億円

企業名	売上高
プレナス	1,539
カネ美食品	824
ロック・フィールド	510
オリジン東秀	474
ハークスレイ	460
柿安本店	443
ライフフーズ	132

リーが供給していますが、コンビニエンスストアチェーンへの売上高依存度は各社それぞれです。

B to Cが主流の惣菜メーカー

路面店やデパ地下などで店舗展開しているB to C（Business to Customer）の企業としては、プレナス（ほっともっと）、カネ美食品（提供先：スーパーアピタ）、ハークスレイ（ほっかほっか亭）、ロック・フィールド（R$\frac{1}{F}$）、イオン傘下のオリジン東秀（オリジン弁当）などがあります。

業界マップ　食品製造業

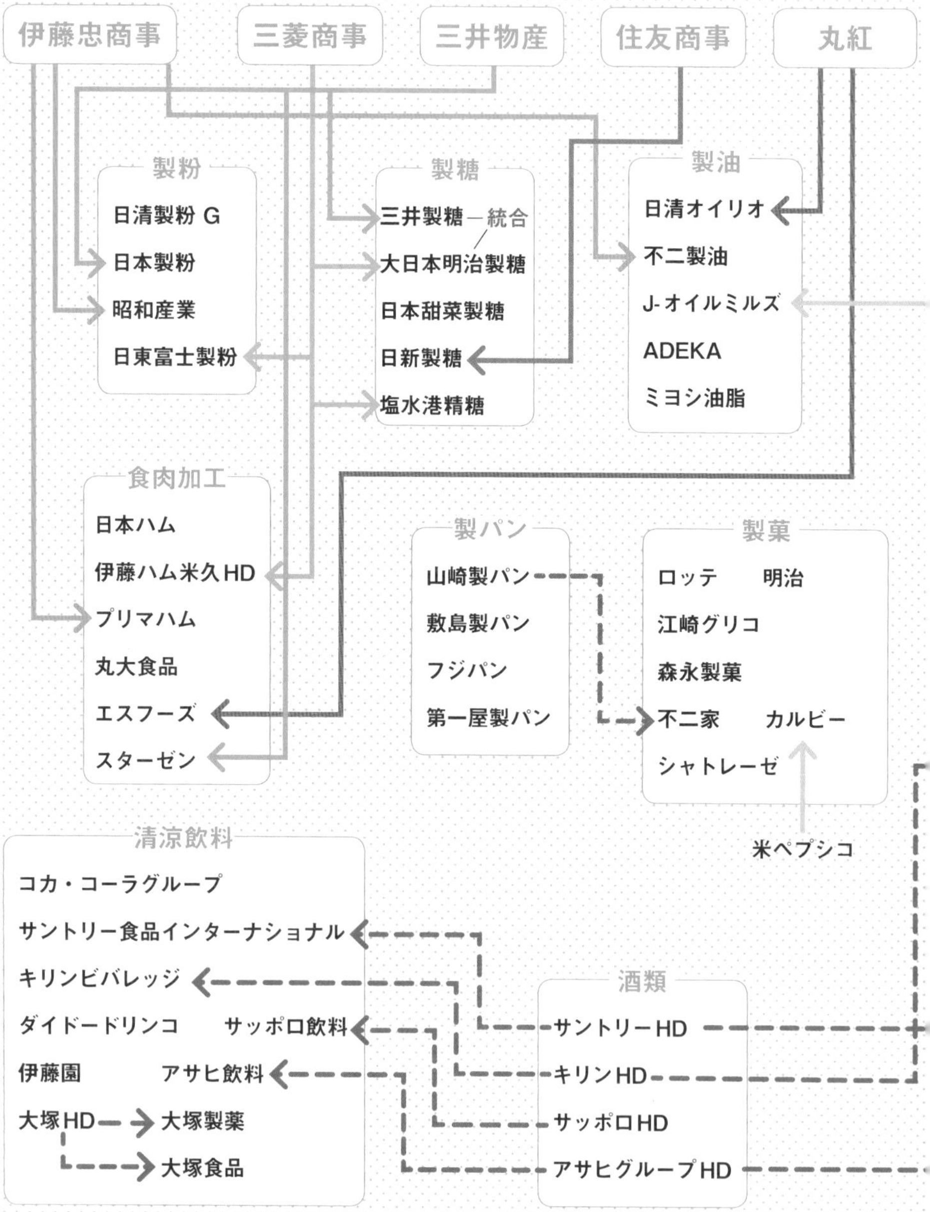
伊藤忠商事
三菱商事
三井物産
住友商事
丸紅
製粉
日清製粉 G
日本製粉
昭和産業
日東富士製粉
製糖
三井製糖
統合
大日本明治製糖
日本甜菜製糖
日新製糖
塩水港精糖
製油
日清オイリオ
不二製油
J-オイルミルズ
ADEKA
ミヨシ油脂
食肉加工
日本ハム
伊藤ハム米久HD
プリマハム
丸大食品
エスフーズ
スターゼン
製パン
山崎製パン
敷島製パン
フジパン
第一屋製パン
製菓
ロッテ
明治
江崎グリコ
森永製菓
不二家
カルビー
シャトレーゼ
米ペプシコ
清涼飲料
コカ・コーラグループ
サントリー食品インターナショナル
キリンビバレッジ
ダイドードリンコ
サッポロ飲料
伊藤園
アサヒ飲料
大塚HD
大塚製薬
大塚食品
酒類
サントリーHD
キリンHD
サッポロHD
アサヒグループHD

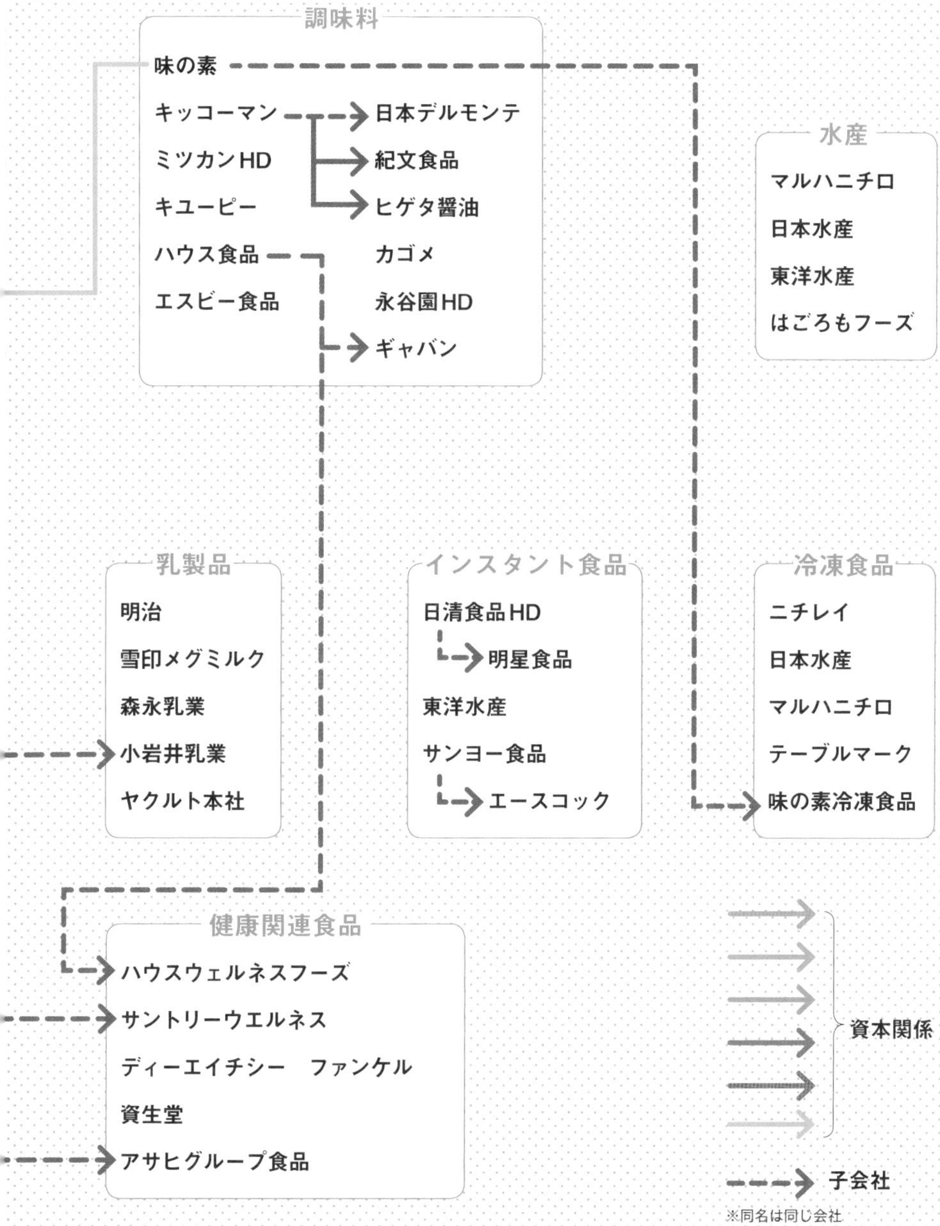
調味料
味の素
キッコーマン
ミツカンHD
キユーピー
ハウス食品
エスビー食品
日本デルモンテ
紀文食品
ヒゲタ醤油
カゴメ
永谷園HD
ギャバン
水産
マルハニチロ
日本水産
東洋水産
はごろもフーズ
乳製品
明治
雪印メグミルク
森永乳業
小岩井乳業
ヤクルト本社
インスタント食品
日清食品HD
明星食品
東洋水産
サンヨー食品
エースコック
冷凍食品
ニチレイ
日本水産
マルハニチロ
テーブルマーク
味の素冷凍食品
健康関連食品
ハウスウェルネスフーズ
サントリーウエルネス
ディーエイチシー　ファンケル
資生堂
アサヒグループ食品
資本関係
子会社
※同名は同じ会社

COLUMN 4

世界に通用する日本のUMAMI

国や食文化によって異なる味覚

人は舌で食べ物の味を感じることができますが、味の基本は国や食文化によってさまざまで、中国では、酸味、苦味、甘味、辛味、塩味の五味、インドのアーユルベーダでは、甘味、酸味、塩味、辛味、苦味、渋味の6味がありました。また、20世紀初頭にドイツのヘニングが甘味、酸味、塩味、苦味を4基本味と唱え、最近まで欧米ではこれが主流でした。現在では、この4味にうま味を加え、5基本味とされています。

味は、舌にある味蕾細胞という感覚器によって捉えられますが、辛味は味蕾ではなく、TRP（Transient Receptor Potential）V1という生体センサーで痛み刺激として認識されていることもわかってきました。

第5の味覚「うま味」は日本人が発見！

和食は、伝統的に出汁を基本に味付けを行います。さまざまな出汁が使われ、鰹節、昆布、いりこ、あご、干し椎茸などがあります。

1908年、東京帝国大学の池田菊苗博士が、昆布出汁からアミノ酸の1種であるグルタミン酸ナトリウム（Monosodium Glutamate: MSG）を精製することに成功、これがうま味の素であることを明らかにしました。グルタミン酸ナトリウムを調味料「味の素」として事業化したのが、味の素株式会社の創業者である鈴木三郎助です。当初、MSGは抽出法で製造していましたが、1959年から協和発酵工業が開発したサトウキビからの発酵法で作られています。1913年には、小玉新太郎が鰹節から核酸の1種であるイノシン酸を、1957年にはヤマサの国中明博士がやはり核酸の1種であるグアニル酸がうま味成分であり、干し椎茸に含まれていることを明らかにしました。

2000年になると、味蕾細胞がグルタミン酸を認識することが明らかとなり、うま味が第5の味として国際的に認められ、「UMAMI」は世界での共通語となりました。

第5章

食品製造業の仕事内容

食品製造業は商品開発、原材料の調達や製造のほか、品質保証や営業、事務部門などさまざまな職種から成り立っています。この章ではそれぞれの仕事内容とどのような人が従事しているのかを見ていきましょう。

食品製造業の仕事

Chapter5 01

仕事の種類と関係

食品製造業の企業は、それぞれの役割をさまざまな人が担当し実行することで、事業が成り立っています。ここでは主な職種とその部門間の関連性について見てみましょう。

食品メーカーの職務

食品メーカーの事業は原材料を購入し、食品を製造販売することです。大手といわれるメーカーでは、製品を製造する生産部門を中心に、原材料を調達する部門、生産を調整・管理する部門、営業する部門、発注に応じて商品を出荷する物流部門が一連の流れの中で機能しています。この流れを**バリューチェーン**といいます。このほかメーカーでは、製品を開発する開発部門や研究部門、商品の品質を担保する品質保証部門などの技術系部門や、商品を企画するマーケティング部門、質問や苦情に応えるお客様対応部門、財務部門、労務や人材育成、採用を行う人事部門、経営者の下、商品戦略や事業の方向性を策定する経営企画部門なども重要です。これらの部門が効率的に機能して、事業が継続し会社として成長するのです。

バリューチェーン
さまざまな業界や企業に応じて詳細は異なるが、食品製造業では原材料に加工を施すことにより付加価値を高めて商品を出荷する一連の流れをいう。

商品企画

原材料調達

加工製造

流通

販売

上記の各過程で消費者のニーズに合わせた付加価値を高めることで利益を得る。

事業内容や規模に合った組織作り

例えば清涼飲料または菓子といった事業領域での標準的な組織構成を示します。近年では、合併吸収による大規模化や多角化により、異なる事業領域を持っている会社が増えています。このような企業では、事業部制というしくみや複数の事業会社を束ねる持株会社制（ホールディングス：HD）を取っています。一般に規模が大きくなるほど、経営層と現場、組織間の意思疎通が難しくなります。そこで各事業の自律と全社的な調和のバランスをいかにして実現するか、工夫することが大切です。

数種類の事業を行うような中小企業では、各部門間の連携が取りやすく、柔軟な組織経営が行われる場合が多いといわれます。

一般的な食品メーカーの会社組織図の例

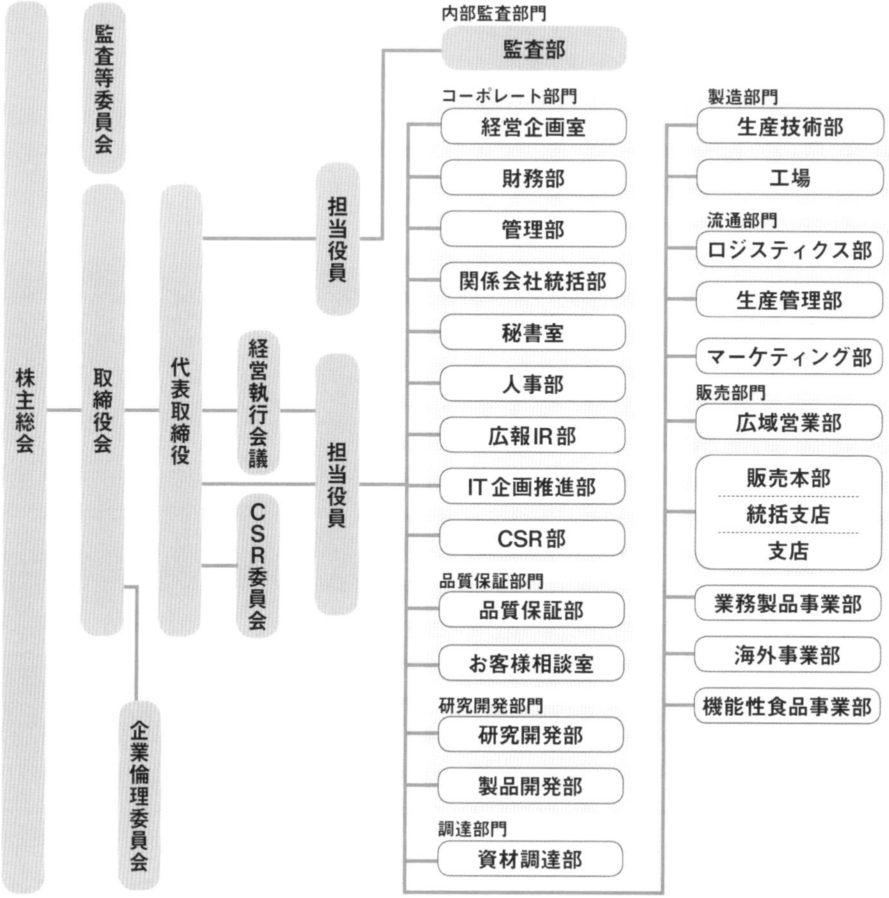

ホールディング（持株会社）制の例

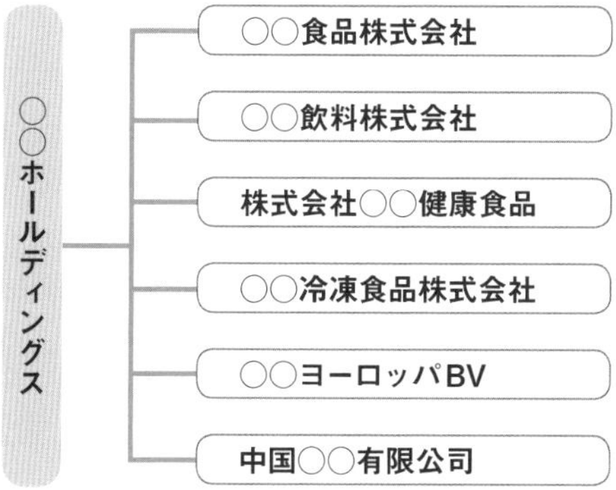

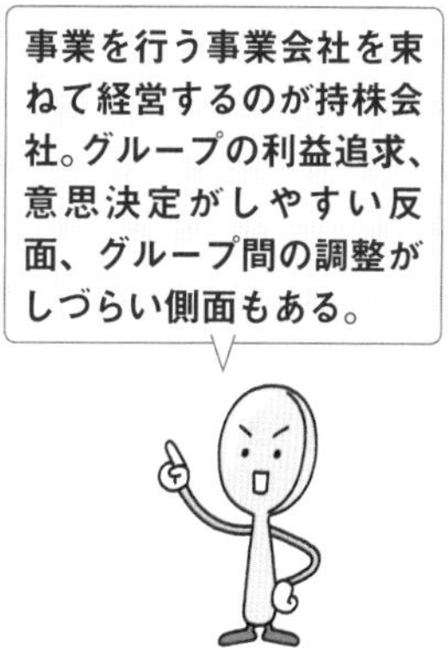

Chapter5
02

企画・研究①

商品企画（マーケティング）の仕事と人材

マーケティングには広い意味があり、食品メーカーに限らずほとんどの経済活動に関係していると言っても過言ではありません。マーケティングは商品企画の全段階に関係する、なくてはならないものです。

食品メーカーにおけるマーケティング

自社が製造販売する商品を、どのようにすれば消費者に買ってもらえるかという課題に対して、さまざまなアイデアと仕掛けを考え、実行することが食品メーカーのマーケティングです。「**製品**開発」と区別し、「**商品**企画」とされることもあります。この業務に責任を負っている人を商品開発（または商品企画）担当者と言い、「マーケター」「ブランドマネジャー」と呼んでいる企業もあります。

マーケティングの基本は、だれに（ターゲット）、どのような食品を提供し（プロダクト・ソリューション）、どのように満足していただくか（ベネフィット）だとされています。さまざまな要素に気を配らなければならず、一つの商品を市場に送り出す（上市《じょうし》という）には、膨大な作業が必要です。

マーケティングの進め方

まずだれに食べてもらいたいかを決めるために、消費者を知ることから始めます。自社での調査で不十分な場合は、調査会社に**消費者調査や市場調査**を発注し、どこにどんなものを欲しがっているお客様がいるのか（ニーズ）を見つけます。今、何が流行っているか（トレンド）も把握しておく必要があります。調査で得られたデータから、ターゲットを設定すると同時にニーズを明確にします。この際、顕在化しているニーズより、消費者自身が言われて初めて気づく欲求（潜在ニーズ）、さらには深く掘り下げなければ表れないニーズ（インサイト）を見つけ出すのがヒットにつながるとされています。

製品
会社によって違いはあるが、加工食品において「製品」とは、容器包装を含めたモノそのもの。製造工場の倉庫から出荷するまでを指す。

商品
「商品」とは、出荷され、流通に乗ることで価格が付き、またブランド価値や広告の世界観など含めたものであり、「製品」と区別される。

消費者調査や市場調査
それぞれ、どのような消費者やニーズがあるか（コンシューマー・リサーチ）、どのような商品が売れているかをデータ調査する（マーケット・リサーチ）。併せてマーケティング・リサーチという。webアンケートやグループインタビュー、販売データ解析など、さまざまな手法がある。

商品開発の流れ

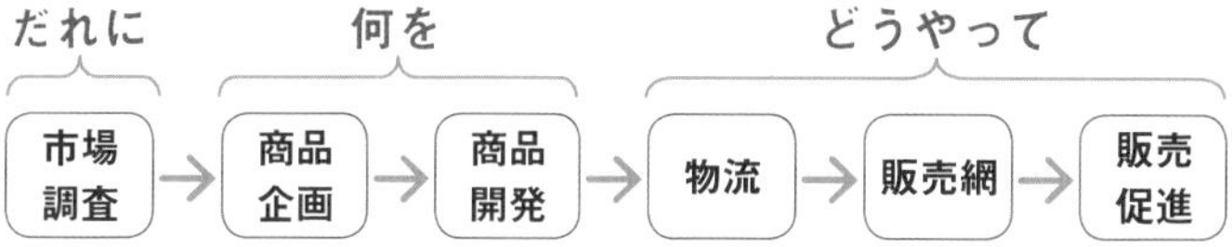

次にターゲットとニーズに対してのソリューション（解決策）を考え、コンセプトとして具体化していきます。コンセプトは、食シーンや宣伝方法などどういう手段で認知してもらい、買う気になってもらうかを含め詳細に決めていきます。コンセプトは社内の開発部門と共有し（**5-03**参照）、開発を依頼します。

開発部門では技術者たちが試作を繰り返し、コンセプトの実現に近づけ、試作品をマーケターに提示してくれます。マーケターは必要に応じてこの試作品を**受容性調査**にかけ、製品の完成度を上げていきます。同時に販売促進策、プロモーションの策定を進めます。ターゲットに商品をどのように認知してもらうか、そのためにどの媒体にどのような広告を打つか、どのタレントに出演してもらえばターゲットに響くかを、広告代理店や広告制作会社と一緒に作り上げます。最近はSNSを媒体とした「**バズマーケティング**」が話題となっています。販売価格決定や販売予測、販売チャネル戦略も、売り上げを左右する重要な要素です。それらを新製品販売計画案として提案し会社の決裁を受ければ、いよいよ上市へ向けて準備へと動きます。

受容性調査
訴求すべきターゲット層に試食してもらい、購買意欲などを聞くこと。

バズマーケティング
SNSを利用して商品やサービスの特徴をクチコミで広げる広告手法のこと（P.44コラム参照）。

社内の営業部門（**5-09**参照）にしっかり商品の特徴を理解してもらい、時には商談に同行することもあります。

どのような人が従事しているか

このようにマーケターは、さまざまな社内外の部門に働きかけ、結果を引き出さなければならないため、高いコミュニケーション能力と他者を巻き込んでいく熱意が必要です。世の中の流行に敏感で、好奇心があり、アイデア豊富な人が向いています。学校でマーケティングを学んだ人のみならず、営業活動を経験し顧客のニーズを知る営業職の人も、マーケターとして活躍しています。

企画・研究②

研究開発の仕事と人材

研究開発（Research and Development：R&D）は、企業の技術力や商品力を左右します。企業は優れた研究開発能力を得るために、研究員、技術者の育成や研究開発設備に積極的な投資を行います。

試作する製品開発と基礎理論の研究

食品メーカーが自社の商品を開発するためには、マーケティング部門（商品企画）と技術部門（製品開発）が協同する必要があります。メーカーは規模に応じて自社の研究所や開発センター、もしくは研究開発センターなどの施設を持っています。食品の場合、「製品開発」は原材料の選択や配合、製造方法を工夫することで試作を繰り返し、おいしい中味や適切な容器包装を作り上げることです。一方「研究」は、おいしさそのものの追求、食品の栄養や生理機能、物性の変化など、製品開発のための基礎的な理論を科学的に明らかにすることです。

研究開発の種類と人材

食品メーカーの中で、健康の維持増進に寄与する食品を提供する企業が増えてきています。食品メーカーは充実した研究所、開発センターを整備しています。

製品開発センターでは食品や飲料など商品の特性ごとに原材料や製造方法を熟知した中味開発部署、試作品の味や食感の評価を行う**官能評価**部署、さまざまな素材や形態により食品を衛生的かつ物理的に守る容器包装開発などの部署があります。

研究所では新たな機能を持った原材料を発見する素材研究、培養細胞や実験動物、時にはヒト試験で食品の生理機能や安全性を研究する機能性研究を行っています。また新規の食品加工技術や生産機械を研究する技術研究などの部署もあります。

官能評価
製品の品質を五感（視覚・聴覚・味覚・嗅覚・触覚など）をもちいて判断すること。大きく2つの判断基準（分析型官能評価、嗜好型官能評価）があり、企業はそれらを横断的に採用している。

食品開発の流れ

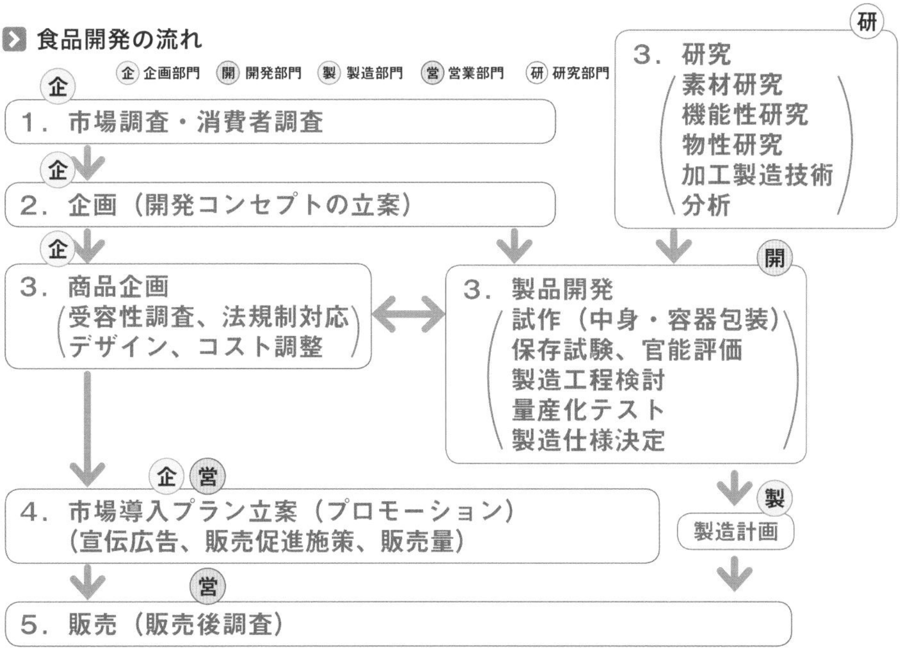

研究開発体制の例

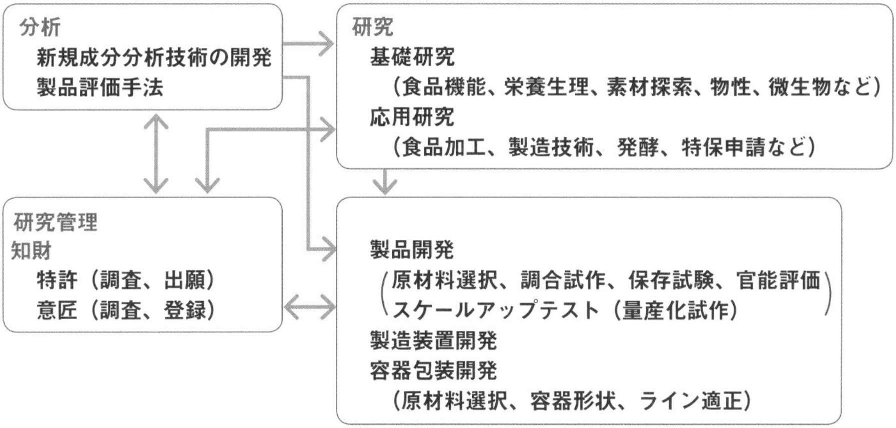

どのような人が従事しているか

研究開発には、大学院や大学、専門学校で自然科学を学んだ人が求められます。食品学や微生物学などの農学系を中心に、化学系や工学系、薬学部、臨床検査系、食品科学系の出身者などで活躍している人がいます。研究成果を基に博士号を取得することを奨励している企業もあります。

企画・研究③

生産技術の仕事と人材

よい製品を開発したら、それを商業ベースで製造できなければなりません。そのためには機械工学的な技術が必要です。自社製造工場の技術や効率を高め、メーカーとしての優位性を保つために重要です。

生産技術とは

工場では、試作を繰り返して開発した製品を、同じ味、品質で大量生産します。近年の食品工場は、大量生産のために自動化が進んでおり、また生産効率の向上やコスト削減のためにも、さまざまな生産機械を導入する必要があります。**エクストルーダー**や、加圧加熱処理機、成分分離技術、急速冷凍機、無菌充填装置など、新しい加工技術も発表されており、試作品の品質を再現するため製造加工機械を新たに開発する場合もあります。

工場の生産ラインを組む際には、食品製造機械を専門に製造販売しているメーカーと共同で製造機械を設置、**最適化**します。多種多量な食品を製造する食品メーカーの生産技術者は、時にはオーダーメイドで、機械メーカーと新規開発することもあります。したがって、本社での装置の選定や設計作業のほか、工場に出向いてラインの設置、調整などの作業をすることになります。

エクストルーダー
顆粒や粉体の材料に水を加え加熱しながら、スクリューで圧力をかけ押し出すことにより混練・加工・成形・膨化・殺菌などを行う装置。主にパスタやシリアル、スナック菓子、かまぼこなどの加工に利用される。

最適化
生産機器は、さまざまな用途に対応できるように、製造条件（パラメータ）を変えられるように設計されている。製造品目に応じて、製造条件を最も性能を発揮できる状態に設定することを最適化という。

どのような人が従事しているか

機械を扱う部門なので、工学系出身者が多勢を占めます。機械工学、化学工学、システム工学、プロセス工学をはじめ、自動化・省力化のためのIT人材も多く必要とされています。製造現場の実務経験があることも強みとなるかも知れません。生産ライン全体を見渡せる視野の広さを持つことや常に新しい技術に興味を持ち、それを応用できる能力を有することが望まれます。基本的に新商品あっての技術導入なので、研究開発部門や工場、外部機械メーカーとコミュニケーションが取れる人が向いています。

生産技術部門の仕事の進め方

新規生産技術や生産システムの情報収集

↓

生産体制の課題発見、解決・改善提案

↓

生産プロセス・設備の設計（機械メーカーとの協業）

↓

生産設備・ラインの施工、試運転、立ち上げ

研究開発部門や資材調達部門、企画部門、さらには社外の機械メーカーなどと生産現場のパイプ役となり、業務や人員配置を見直す

食品加工に使用される生産機械の例

攪拌混合、加熱調理	エクストルーダー
加圧加熱処理機	ニーダー（攪拌混合、加熱） レトルト（オートクレーブ）
成分分離技術	フィルタープレス（不溶物除去）、RO膜装置（純水製造）、NF膜装置（イオン）、UF膜装置（たんぱく質分離）、MF膜装置（除菌）、ED装置（脱塩）
急速冷凍機	エアブラスト冷凍機、ブライン冷凍機、液化ガス冷凍機、コンタクト冷凍機
無菌充填装置	インラインブロー、フィラー、キャッパー、クリーンルーム
濃縮機・乾燥機	エバポレータ、凍結乾燥機、噴霧乾燥機
センサー	金属探知機、ウェイトチェッカー、画像処理

レトルト装置

写真提供：三浦工業株式会社「JQ-1002」

殺菌装置

写真提供：株式会社日阪製作所「RMS」

凍結乾燥機

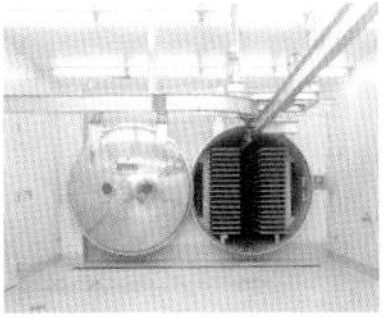

写真提供：日精株式会社（総販売元）、共和真空技術株式会社（製造元）

膜ろ過装置

写真提供：三浦工業株式会社「MRO-6000CG」

Chapter5
05

製造現場①

購買・調達の仕事と人材

食品を製造するためには、食品の原材料や製品を包装する素材などが必要です。こういったものを入手する業務が購買・調達です。

購買と調達とは

購買と調達は、企業によって呼び方が異なります。JIS（日本産業規格）では、購買管理を「生産活動に当たって、外部から適正な品質の資材を必要量だけ、必要な時期までに経済的に調達するための手段の体系」と定義しています。ここでの資材とは、原材料だけでなく製造機械の消耗品も含みます。購買のみならずリースなどの手法を用いて必要なものを入手する調達が、購買を包含する概念と考えることが適切です。

JIS
Japanese Industrial Standards。産業標準化法に基づいて制定される国家規格。

判断力が問われる購買・調達の仕事

この部門では、工場の生産計画に基づいて、必要な原料を、必要な量、適切な納期、適切な価格で、適切な取引先から購買・調達します。このとき、原材料メーカーの選定は非常に重要です。一旦決定すると、その製品に関して長く取り引きをすることになるため、信頼関係を結べる相手先を確保することが重要です。

食品の場合、農水産物が原料であることが多いので、自然条件の変化や災害などで供給に支障をきたすこともありえます。供給の安定性、品質の維持、納期、数量の正確さなどを指標に、一つの原料について数社で入札を行うことがあります。ほかにはない独自の素材を供給してくれる供給先に対しては、自社製品の差別化のために独占供給契約を結ぶこともあります。

大企業の場合、原材料がどのような場所でどのように栽培・加工されているのか、原材料メーカーと一緒に海外を含む産地の**視察**を実施します。

複数の工場がかかわって新製品を立ち上げる場合には、最初、

視察
Auditという場合もある。調達先である農場、漁場、加工工場などを実際に訪問し、事前に打ち合わせてある発注仕様に基づき、自然環境、施設・設備、衛生性、労務環境、リスクなどをチェックすることで安定供給を図る。

調達・購買の仕事例

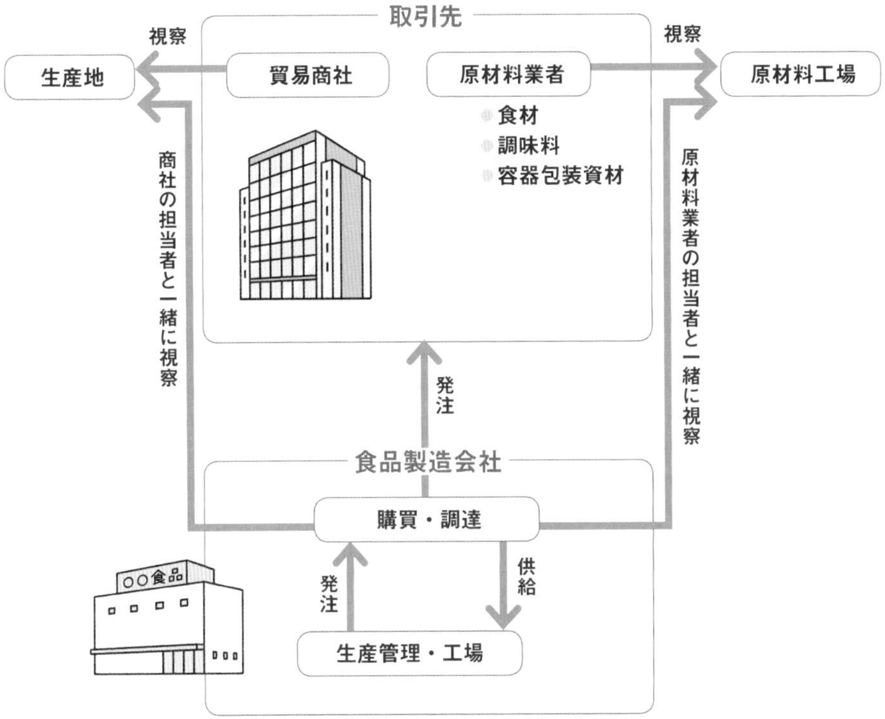

本社の購買・調達担当者が相手先と交渉しますが、生産が軌道にのれば、各工場の購買担当者が発注を行うことになります。

どのような人が従事しているか

営業からの注文を受けた工場が立てた生産計画を基に、原材料メーカーに発注するため、コミュニケーションが取れることが基本です。新たに調達先を決定する場合には、幅広い観点で俯瞰し問題点を見出す能力や、自社が求める条件を交渉する能力が望まれます。また、受発注を巡るトラブルが起こった場合、相手先との信頼関係を損なわないような冷静な対応力も必要とされます。

Chapter5
06

製造現場②

製造の仕事と人材

製造工場は、食品メーカーの要です。高い品質の製品を低コストで、納期厳守で必要な数量を出荷する責任があります。

部門が細分化された工場の仕事

食品工場の様子は、業種や企業規模によって異なります。飲料や大手メーカーでは、工場の規模も大きく自動化が進んでいるのに対して、職人の技が必要とされる和菓子などの業種や中小メーカーでは、手作業に頼る部分もかなり残っています。

品質および衛生管理の手法として、**HACCP**に基づいた**ISO22000**や**FSSC22000**、サプリメントでは**健康食品GMP**などの製造規範に従っての製造管理業務を行なっています。それに基づいて多くの工場では、製造、品質管理、生産管理、物流などの専門部署に分かれています。

HACCP
品質管理手法の一つ。詳細は**9-03**参照、厚生労働省は乳・乳製品、食肉製品、水産加工品など9種類23アイテムについてHACCPモデルを公開している。

ISO22000
FSSC22000
健康食品GMP
9-03参照。

製造部署は、各工程における加工の原理や原材料の特性を熟知し、製造仕様書に基づき一定の品質と数量の製品を納期までに作る責任を負います。

食品工場では、衛生性の観点から工程により清浄区域（計量、調合、加工、殺菌、充填）と汚染区域（受け入れ、梱包、出荷）で職場が細分化されています。清浄区域へは担当者以外入域できず、手洗い、防塵服やマスク着用など厳しい条件があります。

品質管理部署は、品質を客観的に判断しなければならないため製造部署から独立しており、品質管理責任者は製造部署の責任者と兼務することができません。製造過程では、原材料の受け入れ、製造設備の事前チェック、製造中の各種設備の稼働データ、抜取サンプル、製品出来高、逸脱の有無などさまざまなデータが現場から上がってきます。加えて、品質管理部署はそれとは別に自ら現場でサンプリングやデータ収集を行い、最終的に出荷の合否を判定します。

生産管理部署は、一つの工場を例に取ると受注量や発送時期を

製造から出荷までの流れ

原材料の受け入れ
- 原材料の受け入れ
- 保管

→

調合　殺菌・充填　包装
- 原料計量　混合　冷却
- 調理　加熱
- 成形

→

梱包　保管
- 箱詰め
- 出荷サンプル保管

→ 出荷

容器・包材（→ 調合　殺菌・充填　包装、梱包　保管）

品質の確認

□ **製造が設計（製造規格）通りになっているか**
食品の味、形態、物性、色、成分量
異物・微生物混入
容器包装の密閉性、印刷

□ **製造過程に問題がなかったか**
製造機械の製造条件に逸脱の有無

食品を変敗させる要素

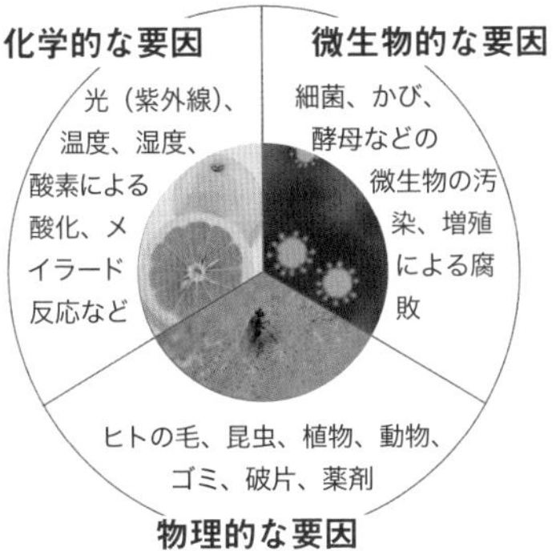

確認し、いつどの製品をどのような順番でどれだけ製造するかの計画、製造に必要な原材料の発注、従業員のラインシフトなどを管理します。製造部署の一部であることもあります。

2020年6月より、食品衛生法ですべての食品工場にHACCPが義務化されることから、手工業の工場であっても工場管理者の仕事はHACCPに対応できる必要があります。

変敗（図中）
食品の品質が劣化し食べられなくなること。

メイラード反応（図中）
食品を加熱することでアミノ酸と糖が結びつき褐色になること。

どのような人が従事しているか

ものづくりという点では仕事を黙々と正確にこなすことが基本になります。機械化が進んだ製造現場では、製造工程も複雑化する場合があるので、製造マニュアルや製造過程で得られるデータを理解し、対応する能力が求められます。正規社員は、機械工学系、化学工学系、食品系、IT系などのバックグラウンドを有しているうえに、管理者としてパート従業員を束ねるリーダーシップと人間性も望まれます。

管理①

Chapter5 07

品質保証の仕事と人材

品質保証は、自社工場で生産された製品のみならず、委託生産品を含めた全社の商品の品質を担保します。

生産戦略にもかかわる品質保証

品質管理は主に工場で行い、問題のない原材料から正しい工程で製造規格通りの製品が製造されるためのチェックプロセスです。

それに対し品質保証は、原材料調達の段階から消費者が消費するまでの製品の品質を担保することです。例えば、ある製品をどの工場で製造すればよいか、どのような物流に乗せれば消費まで品質を保てるかという観点からチェックをします。企業の生産戦略にもかかわり、品質トラブルに対応することも重要な職務です。

メーカーの信頼を支える品質保証部門の仕事

品質保証部門は本社・支社に設けられていることが多く、自社工場のみならず委託生産先での設備、製造体制および物流システムについて把握します。品質トラブルが発生すれば、消費者、小売店、物流業者からクレームが上がってきます。過去のクレーム情報から、いつ、どこで、どのような原因で生じたのかを解明し、その緊急性、重要度により対応法を決めます。

容器の破損のような軽微な事案が物流段階で発見された場合は、配荷**ロット**をさかのぼり出荷を停止する程度で済みます。しかし、異物混入や異味異臭など健康被害を起こす可能性がある深刻なクレームが消費者から入った場合、ただちに生産、出荷、販売を止め、保健所に届けたうえで公表して製品回収するといった、経営にダメージとなるような処置を行わざるを得ない場合もあります。当然、経営層主体の対応になり、対応を誤ると商品ブランドのみならず会社全体の信用を失うこともあります。品質保証部門は**コンプライアンス**の遵守が求められます。

ロット
製造業では製造単位を指す。製造において、一回に製造する量は、その工場にある調合タンクや調合釜の大きさによって○○トンと決まる。これを最小製造単位といい、1ロットとする。何か問題が起こった場合、当該ロットを特定し、対策を講じることで影響を最小限に抑えることができる。

コンプライアンス
法令遵守と訳され、食品の場合、品質事故は食中毒などの健康被害を生じる可能性があるので、特に注意する必要がある。すなわち、決められたことから逸脱する行為や事案の隠ぺいは、工場のみならず、全社の社会的信頼を失うことになりかねない。

品質トラブルへの対応

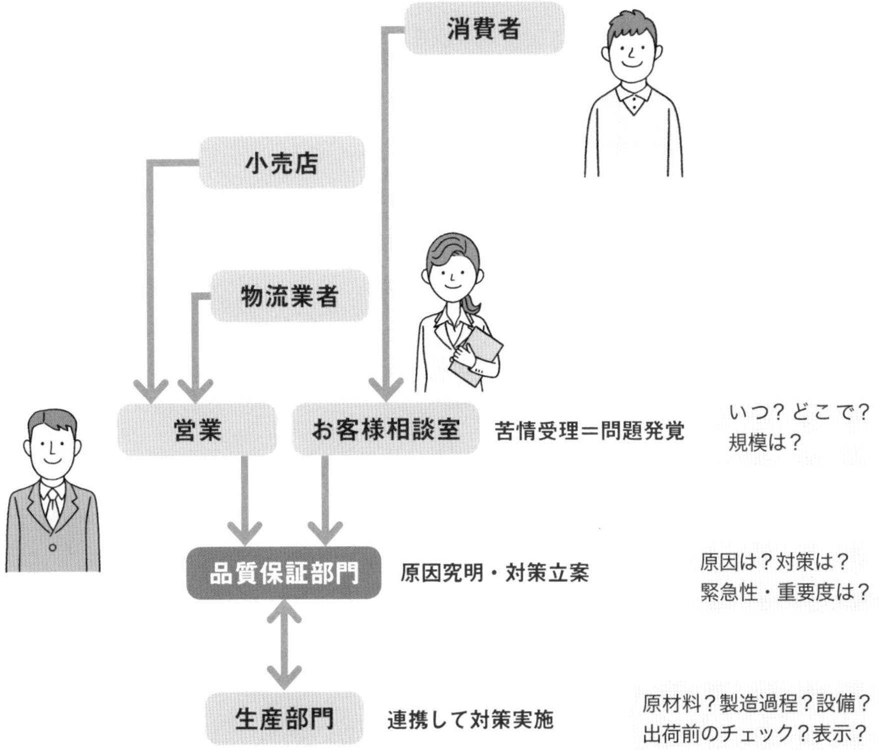

どのような人が従事しているか

食品メーカーの品質保証は、工場で生産業務、特に品質管理（**9-03**参照）を経験したうえで担当します。食品そのもの、衛生管理、工場の設備、労務体制の知識のほか、**食品衛生法**、**食品表示法**、**ISO22000**などの製造規範にも精通している必要があります。そのうえで、生じた事案の原因を突き止める洞察力、どの程度の深刻度、緊急度でどのレベルの対応が必要かの判断力が求められます。現代は不適切な対応をすれば、どこからか情報がもれる時代ですので、公明正大な姿勢を貫ける人がふさわしいといえます。

食品衛生法
8-05参照。

食品表示法
8-07参照。

ISO22000
9-03参照。

Chapter5
08

生産・流通管理の仕事と人材

自社の商品を確実に消費者まで届ける役割が生産・流通管理です。効率を追求し、ICT化や省力化が進んでいる分野です。

商品を届ける生産・流通管理

消費者に直接商品を届けるのは、小売店や飲食店、ネット通販業者などですが、工場から問屋やこれらの店舗などに届けるまでが食品メーカーの生産・流通管理部門の職務です。倉庫での保管業務、荷造り業務、出入庫の情報管理業務、運送業務を物流（Physical distribution）またはロジスティックス（P.202）といいます。

ロジスティックスは特に、物流を通じて**環境保全**など社会的課題への対応も目指す戦略的な経営管理としての意味合いも含みます。食品メーカーでは、自社の物流子会社や業務委託した物流会社を通して受注した商品を、正確な数量、指定された納期に、指定された場所（小売企業の流通センターなど）へ届けます。より効率的な物流をめざし、食品分野では特に加工食品において納品伝票や外装表示などの標準化をめざし、官民一丸となって取り組む動きもあります（**9-05**参照）。

環境保全
環境に配慮した取り組みをする企業が取得するものとしてはISO14001（環境マネジメントシステム）が多い。活動報告をCSR報告書で確認することもできる。

生産・流通管理の仕事

全社的な生産・流通管理の仕事でいうと、営業が受けた注文を、生産計画に落とし込み、工場の製造部門に伝え、製品を出荷・運送する職務であるため、工場に所在する場合が多いといえます。最近はインターネットの発達により、全国の受注・発送業務を本社・支社のロジスティックス部として一元管理する会社もあります。

流通システム

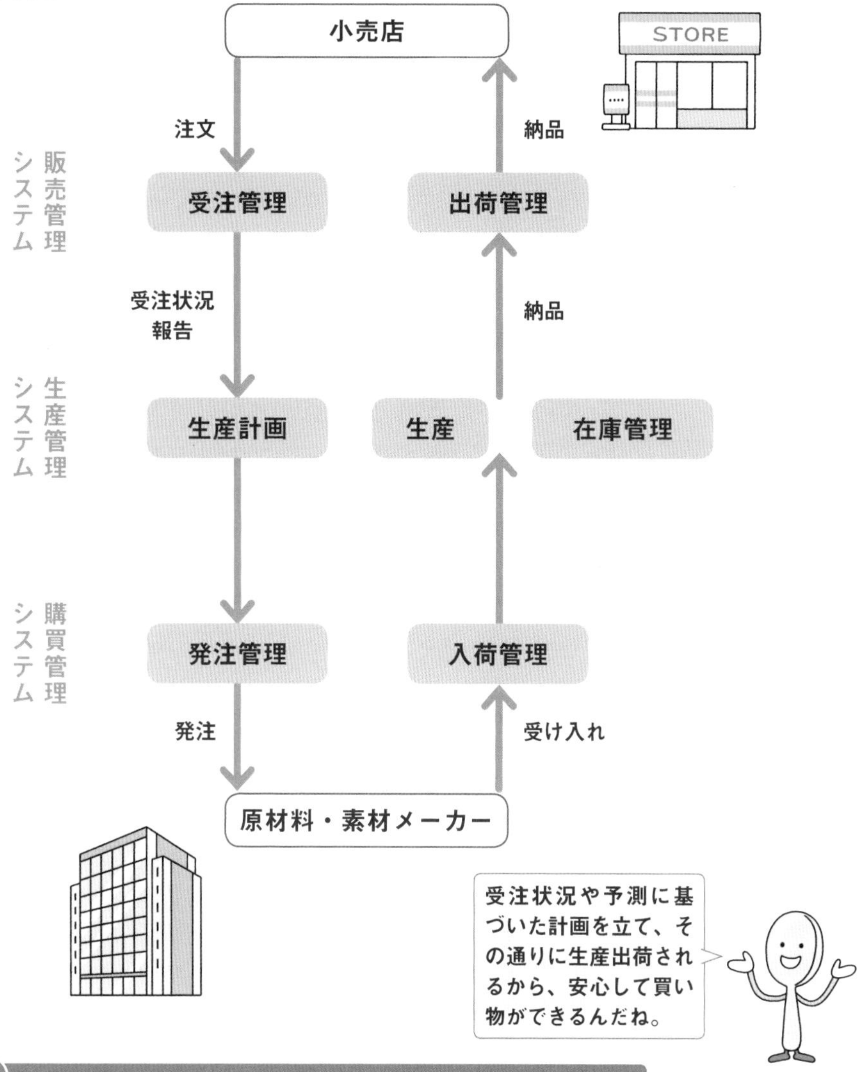

どのような人が従事しているか

特に専門的なバックグラウンドは必要ありませんが、数字を扱う仕事ですので、PC上で数字を操作することが苦にならない人が向いています。根気のいる繰り返しの作業も多く、事務系職ですので、ミス無く正確に業務を遂行する能力も求められます。また、近年のITの発達により、最新の流通システムを使いこなす適応能力も必要です。

Chapter5
09

販売・経営①

営業の仕事と人材

良い商品を作っても、消費者に届けられなければ意味がありません。営業は問屋や小売店に自社の商品を仕入れてもらうための提案や条件の交渉などで売上に貢献する、企業にはなくてはならない職務です。

商品や納入条件を魅力的に提案する営業の仕事

営業の仕事とは、自社の商品を販売することです。しかし企業、業種によって仕事の細かなやり方は異なります。家庭用食品の場合は、スーパーマーケットなどの量販店や、コンビニエンスストア（CVS)、ドラッグストアなどの商品棚に自社の商品をいかに多く置いてもらうかの商談が重要です。**売り場提案**、販売促進プロモーションの支援、納入価格などの条件について、小売店本部のバイヤーやマーチャンダイザー（**6-05**～**6-07**参照）を相手に交渉を行います。

小売店との橋渡しを担う食品卸（食品問屋）との関係もよくしておかなくてはなりません。食品卸の担当者と一緒に小売店に商談に赴くこともあります。実際の店舗を訪問し、陳列状況や販売状況をチェックし、店に販売促進策を提案する**リテイルサポート**という仕事もあります。業務用食品の場合は、外食店に自社商品のメニューへの採用を促したり、そのためのメニュー提案を行ったり、他のメーカーや小売店のPB（プライベートブランド→P.30）の開発担当者と、商品の共同開発などを行います。

売り場提案
品揃え、陳列などを提案し、お店の売り場づくりに貢献しながら自社製品を仕入れてもらう仕事。

リテイルサポート
消費者が売り場を見たときに「パッと見て目につくか」「買いたくなるか」を考えながら、商品の陳列方法や販売員の派遣、経営アドバイスを提案するなどがある。

どのような人が従事しているか

営業は商談を行うのが仕事なので、相手と良好な関係を築けることが重要です。そのため、どの学部で何を学んだかというより、人の話をよく聞き、約束したことをしっかり実行できる人が向いています。既に取引のある相手先ばかりでなく、新規顧客への売り込みもあるので、信頼を勝ち得る明朗で誠実な人柄が好まれます。社外の取引先はもちろん、社内の関連部署、例えば物流担当

商談ルート

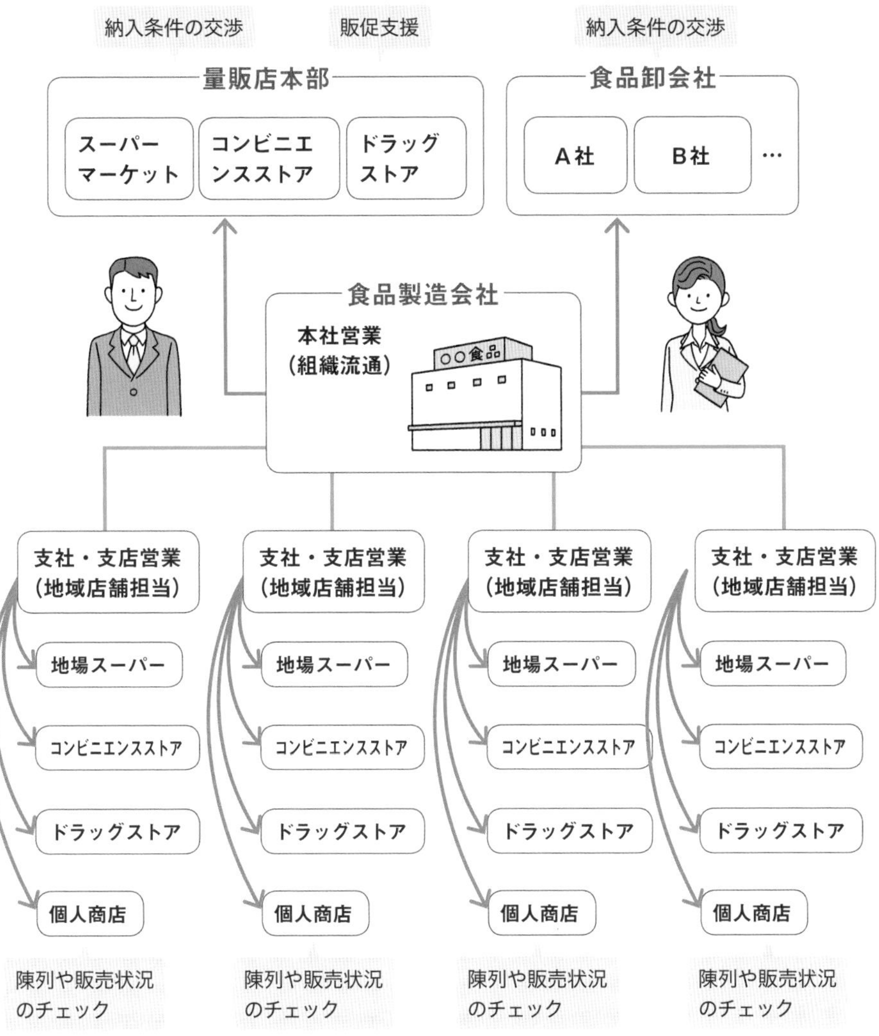

者やマーケティング担当者と日頃からコミュニケーションをとれることは必須です。近年、小売店は販売データに基づく受発注を行うことが一般的になっているため、POS（P.148）データを駆使して商談を行う能力も求められます。

販売・経営②

経営企画の仕事と人材

業界の再編やグローバル化が求められる状況にあって、他の業界と同様、スタッフ部門は企業の成長を支える重要な役割を担っています。

会社のお金を管理する財務部門

日々の事業活動をお金の面から総括し、決算報告書、有価証券報告書の作成・公表などに責任を持ちます。近年は四半期ごとに決算報告書や有価証券報告書などで業績を発表するようになっているため多忙な職場ですが、株式会社の場合、IR報告書は、投資家が投資判断するための指標になるため、大変重要です。

企業の将来に寄与する労務・人事

労務
食品メーカーでは、工場で派遣社員やパート従業員の比率が高いのが特徴。処遇などモチベーションの維持が品質事故防止のために重要である。

年功序列の廃止、成果主義、中途採用の増加など、**労務**・人事制度が大きく変化しつつある今、労務・人事部門はますます重要性を増しています。IT化が進んでいるとはいえ、企業は人材で成り立っているため、いかに優秀な人材を採用するか、リーダーを育てていくかは企業の将来に直結する問題です。自社の成長のためにどのような人材が求められ、どのように育成すればよいか、全社の事業を俯瞰しながらビジョンを描いていきます。

方向性を提案する経営企画・戦略、事業企画

M&A
企業の合併(Merger)・買収(Acquisition)のこと。2006～2008年の日清食品の明星食品買収、2007年のマルハとニチロの合併（2014年にアクリフーズを統合)、同年のサントリーによる米ビーム社の買収などがある。

現在の事業活動を把握し、将来自社がどうあるべきか、社会、市場、他社などさまざまな状況から判断し、方向性を提案する大切な部門です。会社の進路を最終的に決定するのは社長ですので、経営層と密接に話をしながら仕事を進めていくことになります。企業の成長のために、事業の多角化やグローバル化で国内外の企業の**M&A**が行われることも多く、ダイナミックな仕事といえます。日本の食品メーカーの利益率は10％以下が多く、海外大手

M&Aの流れ

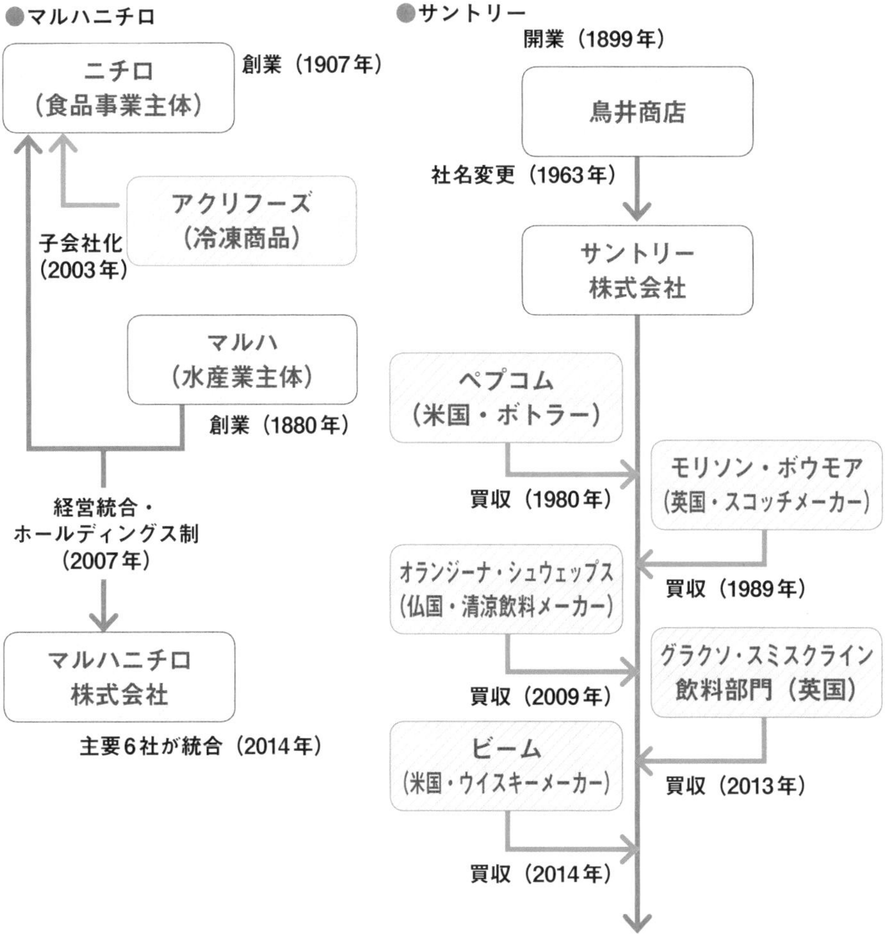

メーカーに劣るため、原材料調達コストや製造ラインの整理などの経営の効率化や、統合による強みや弱みの補完のため、M&Aは重要になります。決算発表では次年度の見通しも発表するため、社内各部門からの計画を総括して年次計画を策定します。これとは別に3年間、5年間、10年間の中長期計画を策定する企業も多くあります。また、自社のあるべき姿を示す長期ビジョンの策定では、社内各部門から課長、若手クラスの社員でプロジェクトを結成して策定させる事例もあります。最近は外部のコンサルティング会社が入ることも多く、会社のあり方を変える大きな案件では、一緒に計画案を策定していきます。

COLUMN 5

生産者と環境を守るフェアトレード

先進国の不当な購入条件が労働問題を引き起こしている

私たちが食べている食品の中には、諸外国からの輸入に頼っている食品がたくさんあります。例えば、コーヒー豆や紅茶葉、チョコレートの原料のカカオ豆などです。これらは栽培条件が適しているいわゆる開発途上国で生産されますが、嗜好品なので、消費されるのは先進国が多くなります。

開発途上国は、労働環境が整備されていないところもあります。買い手側である先進国の業者から不当な購入条件を要求され、納入価格が抑えられるなどにより、労働者の長時間労働や低賃金、児童労働の発生などが問題になっています。

公正な取引で開発途上国の生産者をサポート

フェアトレードとは、開発途上国で作られた作物や製品を適正な価格で継続的に取引することによって、生産者の持続的な生活向上を支えるしくみです。フェアトレードの概念は、1946年に米国、1960年代にヨーロッパで消費者運動として始まり、フェアトレードの条件に合致した商品であると表示することに発展しました。1997年、国際フェアトレードラベル機構（FLO：Fairtrade Labelling Organizations International）という組織が設立されました。現在、FLOに加盟する多くのフェアトレード認証団体がありますが、その一つ、世界フェアトレード機関（WFTO：World Fair Trade Organization）では、①生産者に仕事の機会を提供、②事業の透明性を保つ、③公正な取引を実践、④生産者に公正な対価、⑤児童労働および強制労働を排除、⑥差別をせず、男女平等と結社の自由を守る、⑦安全で健康的な労働条件、⑧生産者のキャパシティ・ビルディングを支援、⑨フェアトレードを推進、⑩環境に配慮するという基準を満たす商品に認証を与えています。日本では、イオンやスターバックスなどが、フェアトレードジャパンの認証を受けたコーヒーやチョコレートを販売しています。

国際フェアトレード認証ラベル

第6章

食品流通業のあらましと仕事

食品を生産者から消費者に届けるのが流通業の仕事です。輸入、卸、小売りがそれにあたるほか、最近では通信販売も含まれます。
この章ではそれら業種の仕事内容を紹介し、どのような人材が求められているかも解説していきます。

商社・卸①

あらゆる食品を調達する 商社・卸売業

産地からメーカー、小売店へと食品を届ける役割を担うのが流通業です。小売店から消費者への流通に対して、中間流通ということもあります。生鮮食品を扱う豊洲市場などの卸売市場も流通業です。

輸出入を行う商社

商社は国内や海外で生産される食材や加工食品を輸入し、または輸出しています。総合商社は、カップラーメンからロケットまでといわれるほど幅広い商材を取り扱っています。総合商社の食料部門は、小麦や大豆などの農産物や水産物の調達事業や事業子会社の運営、加工食品の輸入事業を行っています。

国内の流通を担う食品問屋

主に加工食品をメーカーから小売業者へ流通させる役割を担っています。一次卸、二次卸と複数の問屋を経由することがあり、中間マージンが発生するため、消費者への小売価格を安くするには問屋を通さない小売業とメーカーとの直接取引が有利で、問屋不要論が叫ばれていた時期もありました。しかし、消費者ニーズをとらえた商品提案（マーチャンダイジング）は、特に総合食品問屋の重要な機能となっています。ほかにもコーヒー、ワイン、チーズなどの専門商社や業務用卸を含め、事業規模もさまざまな多くの企業がありますが、近年では統合吸収などにより、業界再編が進んでいます。

問屋
「とんや」あるいは「といや」と読む。現在、商法では問屋は「自己の名を以て、他人のために物品の販売または買入をなすを業とする者」と定義されている。

生産者と小売業者をつなぐ卸売市場

経済産業省の商業動態統計によると、2018年度の農畜水産物と食料・飲料の卸売業の販売額は、それぞれ23兆6,100億円、50兆3,880億円でした。

青果物（野菜、果実）、食肉、水産物の生鮮３品を扱うのが卸売

卸売市場の経由率

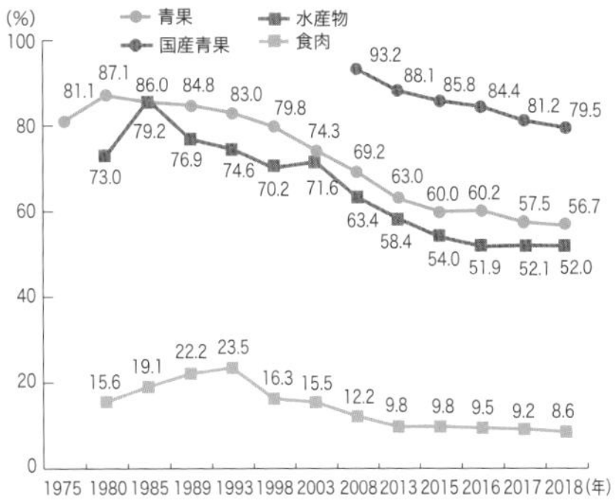

資料：農林水産省「食料需給表」「青果物卸売市場調査報告」等により推計

注：輸入の青果、水産物等のうち、卸売市場（水産物についてはいわゆる産地市場の取扱量は除く）を経由したものの数量割合の推計値。

出典：農林水産省「卸売市場をめぐる情勢について」（2019年）

卸売市場別の市場数の推移

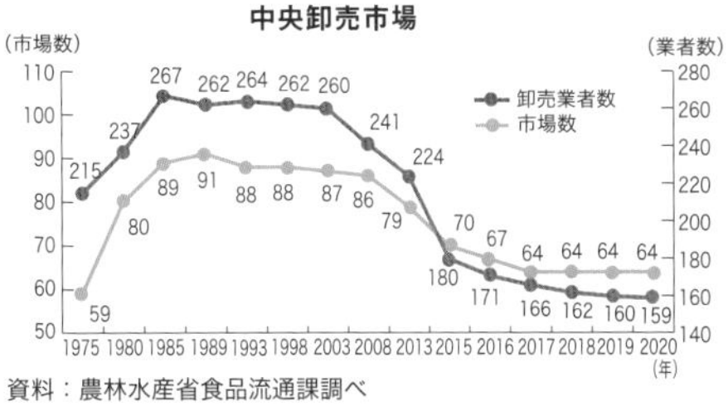

資料：農林水産省食品流通課調べ

注：各年度とも年度末時点の数である。

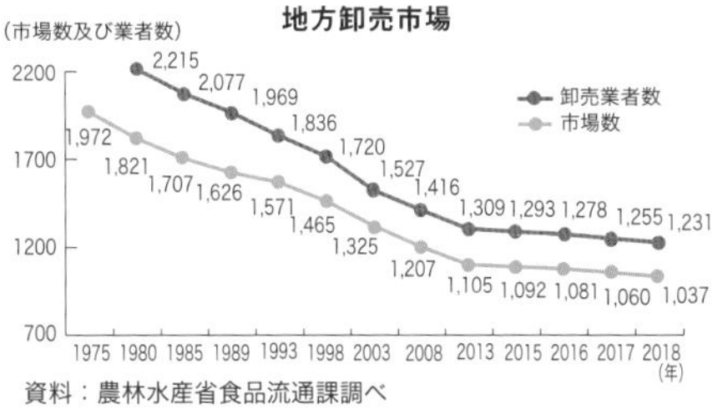

資料：農林水産省食品流通課調べ

市場で、豊洲市場などの**中央卸売市場と地方卸売市場**があります。

中央卸売市場は農林水産大臣の認可を受け、都道府県または人口20万人以上を有する自治体が開設するものです。信用度が高く、産地からの集荷力が高い一方、条例など規制が多く、結果的に事務が煩雑となり、経費が増大するなどの状況もあります。

地方卸売市場は知事の許可を受けて開設されます。開設自体は民間企業や第三セクターなども可能です。中央卸売市場に比べると規制がほとんどない一方、信用度が低ければ集荷力が低下することもあります。

いずれも、元来は集荷した農水産物を競《せ》りや入札により値段を付けることが主でしたが、近年ではメーカーや大手スーパーマーケットなど大口の売買参加者と卸売業者とが直接取引することが増えてきています。そのため、農水産物の取扱比率も低下傾向にあります。

中央卸売市場と地方卸売市場

中央卸売市場は全国に64市場（2019年3月末現在）、地方卸売市場は1,037市場ある（2018年3月末現在）。

Chapter6
02

商社・卸②

総合商社・食品専門商社の業態と仕事

世界各国の産地からの食品輸入は、貿易商社が得意とするところです。近年では総合力を活かし食品メーカーや流通を傘下に納め、川上から川下まで領域を広げています。

守備範囲が広い総合商社

世界中からあらゆるものを調達してくる総合商社は、食品の輸出入業務のみならず、食品メーカーや流通企業に出資、もしくは子会社化することで食品産業全体に大きな存在感を示しています。

三菱商事の食品産業グループは、トウモロコシ、小麦、大豆、コーヒーなどを輸入する食糧本部、水産会社やケンタッキーフライドチキン（KFC）などを傘下に持つ生鮮品本部、食品素材などを扱う食品化学本部、大日本明治製糖などを傘下に持つ消費財本部があります。コンシューマー産業グループのリテイル本部では、コンビニエンスストアのローソン、スーパーマーケットのライフへの出資なども積極的に進めています。

伊藤忠商事はカンパニー制を採っており、食料カンパニーの食糧原料分野で穀物、コーヒー豆、果実などの輸出入を担います。製造加工分野でドール、プリマハムなど、中間流通分野では日本アクセスと伊藤忠食品、リーテイル分野ではファミリーマートなどを傘下に置き、総合商社の強みを活かして海外展開もサポートしています。

カンパニー制
事業部制とは違い、独立採算制を採る組織形態。

三井物産も生活産業分野の食料本部で、畜水産品、油糧種子、コーヒー豆、三井農林による紅茶などの輸入をしています。流通事業本部では、卸の三井食品やセブン-イレブンの中国などへの海外展開などを手掛けています。

油糧種子
油分を多く含む種子。トウモロコシ、大豆など。

丸紅では食料・アグリ・化学品グループの食料本部とアグリ事業本部および卸子会社の丸紅食料で、豊田通商では食料・生活産業本部で、住友商事では生活・不動産事業部門の食料事業本部で、双日は食料・アグリビジネス本部およびリテール・生活産業本部で、それぞれ食品産業とかかわっています。

主な企業の売上高（2018年）

単位：億円

	売上高	営業利益
三菱商事	161,038	5,907
伊藤忠商事	116,005	5,005
丸紅	74,013	2,309
三井物産	69,575	4,142
豊田通商	67,627	1,326
住友商事	53,392	3,205
双日	18,562	704

連結（単位：億円）

専門性が活かせる専門商社

食品専門の商社は、専門性を活かして活躍しています。水産、チーズなどの乳製品、乳原料、ワインなどに特化した商社があります。水産物の専門商社にニチモウ、横浜冷凍（ヨコレイ）、日本ハムグループ会社のマリンフーズ、丸紅傘下のベニレイなどがあります。乳製品関連では日成共益、フォンテラ ジャパン、ラクト・ジャパン、チェスコなどが専門です。ワインではアサヒHD傘下のエノテカなどがあります。

どのような人が従事しているか

商社で輸出入業務に就く場合、英語をはじめとする語学力を駆使して、海外の取引先と交渉することになります。日本で働く場合でも、現地への視察や取引先との契約交渉などで海外に出張する機会が多くなります。現地視察では、地形や気候、生産状況などを観察し、問題点を見つけて改善案を提案することもあります。取引先とは最初から信頼関係があるわけではなく、仲介者などを含め速やかに信頼関係を構築しなければなりません。

このような業務をこなすためには、まず語学力および健康で強靭な体力が必要です。相手先を含む関係者との、信頼関係をうまく作れる人間性、案件の本質を理解する洞察力、交渉力、判断力も求められます。

信頼関係をうまく作れる人間性
現地長期駐在の場合、現地での生活や現地スタッフに溶け込むなどの適応能力も必要となる。

交渉力、判断力
海外での視察、契約交渉では、日本の本社に相談する時間はなく、即決を迫られる場合もある。

Chapter6
03

商社・卸③

卸売市場の業態と仕事

卸売市場数の減少、市場取扱率の減少と、厳しい状況が続きますが、依然としてその役割は必要とされています。

多品種を1カ所で仕入れられる卸売市場

卸売市場の役割として、①集荷・分荷機能、②価格形成機能、③代金決済機能、④情報受発信機能が挙げられます。

農産物であれば、各地の農家が栽培したさまざまな青果物を、地域の複数の小売業者が仕入れやすいように1カ所に集め（①）、どのような農産物かを示したうえで（④）、競《せ》り、入札などで公正に値段を決め（②）、購入する権利を得た買受人が代金を払い（③）、店まで運搬する（①）という流れがあります。卸売市場がなければ、小売店は自分たちで農家から個別に農産物を仕入れなければならず、多品種をそろえることはできません。

競り、入札
競りは1人の売手に対し2人以上の買手が相互に値段を競い合い、最も高値を付けた買い手に売ること。入札は買い手が文書（札）によって値段を売手に示すこと。

市場を構成する関係業者

卸売市場では、卸売業者が仲卸業者または品物を購入する売買参加者に対して農水産物を売り渡します。

卸売業者は、農林水産大臣の許可を得て生産者から品物を集荷し、市場内で、競り・相対《あいたい》取引（P.35）などを行って仲卸業者や売買参加者に販売します。例えば、東京都豊洲市場の水産物部ではマルハニチロのグループ会社の大都魚類、塩干加工品の丸千千代田水産、売上高が1千億円を超える東都水産などが、青果部では東京シティ青果などの企業がそれに当たります。1社平均の取扱金額は、水産、青果とも、274億円（2017年）です。

仲卸業者は、開設者（東京都の場合は東京都知事）の許可を得て、卸売業者から買った品物を、市場内にある自社店舗で小分けし、小売業者や飲食店などの買出人に販売します。水産物では水産仲卸棟で扱う魚種ごとに小規模な企業（2017年データで1社

市場の関係者

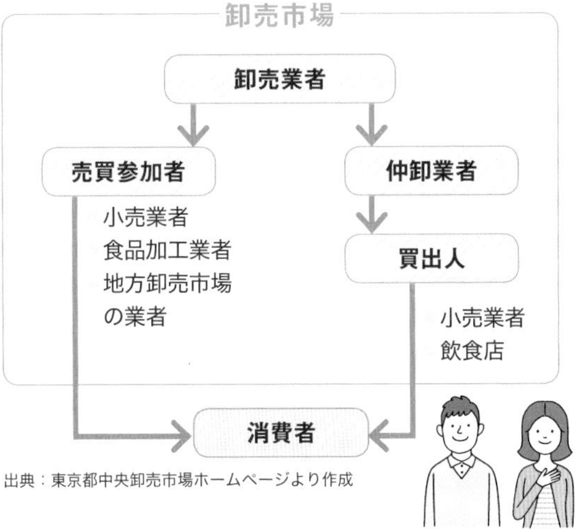

出典：東京都中央卸売市場ホームページより作成

平均7億円）が出店しています。青果物の1社平均の取扱金額は約14億円です（2017年）。

売買参加者は、市場の開設者の承認を受けて、卸売業者から直接、競り・相対取引によって品物を買うことができる、大手量販店などの小売業者や食品加工業者、地方卸売市場業者などです。

卸売市場の仕事

卸売市場の水産卸売業者の仕事の流れの例です。午前2時に全国から届いた魚介類を荷下ろし、重さを計り産地の表示を行い、品物を受け取って卸売場に並べます。午前4時に仲卸業者による品物の下見があり、午前4時半にウニ、エビ、活魚、マグロなどの売り場の各所で競りが始まります。「**トロ箱**」単位で一番高い値を付けた買い手に販売します。音声入力システムを使い、その場で伝票を発行することで、鮮度を落とさない工夫もされています。

午前7時頃、仲卸業者が自店に引き取り、後片付けや清掃をして終了です。昼前には市場は一段落します。仲卸業者は、競り落とした品物を仲卸棟の自社店舗に運び、買いやすいように小分けをして買出人に販売します。いずれの業者も会社組織を取っており、鮮魚・加工魚類・冷凍魚類などの部門や経理システム・物流部門があります。

トロ箱
魚産物を入れて輸送するための箱で、木箱や発泡スチロールの箱が用いられる。

Chapter6
04

食品卸の業態と仕事

食品メーカーから小売店や外食産業に、加工食品を滞りなく届けるのが食品卸の仕事です。食品問屋とも呼ばれます。この業態もITの発達により効率化が進んでいます。

食品卸は省力化がカギ

卸（問屋）はメーカーから小売への商流のことです。卸業界は総合商社主導で、再編化が進みました。三大卸と言われるのが、三菱商事の子会社の三菱食品、伊藤忠商事傘下の日本アクセス、独立系の国分です。国分は三井食品と業務提携しています。以下、売上規模では、加藤産業、三井食品と続きます。

卸の役割は家庭用・業務用含め多くのメーカーが出している多くの商品を問屋1カ所に集め、小売店や外食業者が仕入れしやすいように整理して販売するプラットフォームです。小売量販店や外食大手の大口顧客のバイイングパワーが強まったことや、消費者の低価格志向から、薄利の状況になっています。また中間流通である卸を使わないで直接メーカーと小売が取引をすることも卸が利益を取れない一因となっています。このためITを活用した受発注システムや自動倉庫、デジタルピッキングシステムなど高度機械化設備を導入し、省力化が進行中です。

バイイングパワー
価格決定権。「定価」あっての値引き価格が崩れた現在、消費者に最も近い小売側が売りたい価格が小売価格となる。

デジタルピッキングシステム
倉庫・物流センターなどの作業者が、棚に取りつけられた表示器の指示に従い商品のピッキングを行うことで、商品知識がなくても作業ミスを大幅に減らすことが可能になり、かつ作業時間の短縮にもつながる。

物流だけではない食品卸の業務

卸は、物流機能であるロジスティックス（P.202参照）と、商品提案機能であるマーチャンダイジング（MD）が基本ですが、最近の卸はマーケティングの一環として自社ブランドやプライベートブランド（PB→P.30）での商品開発にも力を入れています。

ロジスティックス機能で例を挙げると、国分では10,000社のメーカーの60万アイテムを、35,000社のスーパーマーケット、コンビニエンスストア、百貨店、ドラッグストア、酒販店、外食・給食事業者、通販・ネット事業者に卸しています。冷蔵（チルド）、

主な企業の売上高（2018年度）

単位：億円

	売上高	営業利益
三菱食品	26,203	167
日本アクセス	21,320	191
国分	18,857	87
加藤産業	16,032	108
トモシアHD	7,182	非公開
伊藤忠食品	6,671	40
三井食品	8,199	27
日本酒類販売	5,501	37

冷凍（フローズン）に強い日本アクセス社の場合、常温（ドライを含む）の全温度帯に対応し、550カ所の物流拠点を有しています。

マーチャンダイジング（MD）は、需要予測を基に問屋の目利きで「売れる商品」、「売れる仕掛け」を提案することです。例えば新商品提案はもとより、北海道やイタリアなどの産地の物品を集めたフェアや、特定のテーマで複数のメーカーの商品を揃えたイベントなどを提案します。その際、顧客の要求する「適正な商品」を「適正な時期」に「適正な場所」「適正な量」「適正な価格」を実現し、棚割り（P.144）やPOPなどの売場提案を行います。

マーチャンダイジング（MD）
消費者ニーズに合った商品、適正な場所、タイミング、数量、価格という5つの観点で計画を立てて実行するという流通用語。一部の小売業では、PB商品を開発する担当者をマーチャンダイザー（MD）と呼ぶ例がある。

どのような人が従事しているか

卸会社のマーチャンダイザーは、いかに売れるしくみを提案するかが重要であり、メーカーのマーケティングに近い仕事になります。メーカーは自社の商品しか扱わないのに対し、さまざまなメーカーの商品の中からどれが売れるのかを選択し、組み合わせて提案するという違いがあります。商品のよさのみではなく、納入価格・納期などの条件も売り込みます。

営業職も含め、顧客とよい関係を保ちつつ、情報収集を積極的に行い要求に応えることはもちろん、独創的な提案をするために、柔軟性や発想力がある人が向いています。

Chapter6
05

消費者との接点である小売業

消費者に直接食品を届けるのが小売業です。1970年代までは専門小売店が主でしたが、スーパーマーケットやコンビニエンスストア（CVS）の伸張、さらに通信販売の発達など、多様化しています。

多様化する店舗販売

経済産業省の商業統計によると、2018年度の飲食品小売業の販売額は45兆2,140億円です。

商店街を構成していた専門小売店は個人経営の小規模な店が多かったのですが、1970年代以降、量販店と呼ばれる大規模小売店、スーパーマーケットが急速に店舗拡大しました。食品の取り扱いが7割以上を占める食品スーパーと、食品以外の商品を販売する総合スーパー（GMS）に大別されます。いずれも複数の店舗を展開するチェーンストアシステムを採用しているところがほとんどです。

総合スーパーはさまざまなチェーンを統合して、イオンとセブン＆アイの二強となっています。小さい商圏で長時間営業を行う小規模なコンビニエンスストア（CVS）も成長し、日本全国で6万店近くになっています。いずれもそれまでの対面販売から、客がカートに商品を取り最後にレジで精算するセルフサービス方式、一つの店で商品がそろうワンストップショッピング方式を採っています。またチェーンストア展開をしているため、どの店でも同じ品質の商品が買えることが特徴です。

消費生活協同組合（生協、コープ）は各組合が店舗販売、共同購入、宅配の無店舗販売など、それぞれ特徴を活かした運営をしています。従来からある百貨店や駅ビルの食品店のほか、最近ではドラッグストア、ホームセンター、ディスカウントストアでも食品の取り扱いが増えています。

チェーンストア
国際チェーンストア協会の定義では、単一資本で11店舗以上経営または管理している小売業を指す。商品や店舗、スタッフの教育などを標準化することで効率化を図ることができる。

ワンストップショッピング
野菜、肉、魚はそれぞれ別の専門店で買い物をしていたのに対し、1店ですべての買い物が済んでしまうこと。

増加する無店舗販売

無店舗販売には通信販売、訪問販売、移動販売車、自動販売機

大手小売業者の例

総合スーパー
- イオン
- セブン&アイ（イトーヨーカ堂）
- ユニー（アピタ）
- 西友
- ライフ
- イズミヤ
- 平和堂

コンビニエンスストア
- ミニストップ
- セブン&アイ（セブン-イレブン）
- ファミリーマート
- ローソン
- セイコーマート
- デイリーヤマザキ

食品スーパー
- ユニー（ピアゴ）
- マルエツ
- マックスバリュ
- ヨークベニマル
- いなげや
- アークス
- ヤオコー
- オーケーストア

ドラッグストア
- ツルハHD
- ウエルシアHD
- コスモス薬品
- サンドラッグ
- マツモトキヨシHD
- スギHD
- ココカラファイン

ホームセンター
- DCM（ホーマック、カーマ）
- カインズ
- コメリ
- コーナン商事（ドイト）
- ナフコ
- LIXILビバ
- ジョイフル本田

ディスカウントストア
- パン・パシフィック・インターナショナルHD（ドンキホーテ）
- トライアル

飲食料品販売額の推移

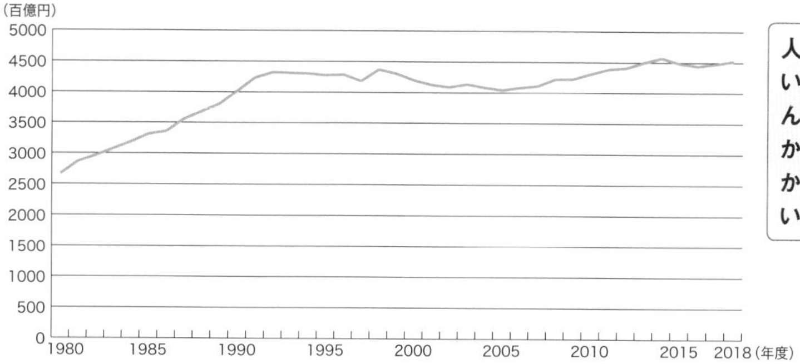

出典：経済産業省「商業統計」

があります。通信販売はチラシやカタログ、テレビで商品情報を提示し、ハガキや電話などで注文すると、宅配されるというビジネスモデルに加え、近年ではインターネットの普及により、スマートフォンやPCで検索し、そのまま注文できるネット通販が利便性の高さから伸びています。これには宅配システムとキャッシュレス決済（P.23）の普及も寄与しています。ネット通販では生産者と消費者が直接取引をすることができるため、利便性から今後さらに拡大することが予想されます。

Chapter6
06

小売②

スーパーマーケットの業態と仕事①

通信販売の利用が増えていますが、依然として食品の購入先としてはスーパーマーケットが1位を占めています。低コストで高品質な商品を提供するためPB開発にも力を入れています。

PBに力を入れるスーパーマーケット

スーパーマーケットはアメリカで始まり世界中に広まった販売形態で、大規模小売店または量販店とも呼ばれます。日本では1960年代に相次いで開業しました。それまでの食品販売店は個人店でした。対面販売で食品ごとに量り売りしていたのに対して、スーパーマーケットは広い店舗でのワンストップショッピング(P.142)、セルフサービス、生鮮食品・日配品のプリパック化、ナショナルブランド（NB）品の定価からの値引きによる薄利多売という新たなビジネスモデルで発展してきました。

近年は、卸を通さず、広告費がかからないので低コストで仕入れることができるプライベートブランド（PB）品の開発にも力を入れています。また、どの店舗も同じようなつくりで、一定の品質の買い物ができるチェーンストア（P.142）方式を採用しています。生鮮食品、日配品、ドライ品と呼ばれるインスタント食品や冷凍食品などの加工食品、総菜・弁当類を扱い、これらの多様な食品を仕分けしたり、魚や食肉をさばいたり、惣菜を調理するためのバックヤードと呼ばれるスペースが、広く取られていることが特徴です。

セルフサービス
買い物客が店内売場を回りながら、自分で商品を買い物かごに入れ、レジで会計を行う方式のこと。

日配品
豆腐や牛乳、ヨーグルトなどの冷蔵品（チルドともいう）やパンなど賞味期限が短い食品のこと。カタカナでデイリーフードと書く場合があるが、Daily foodとDairy food（酪農製品）は異なる。

ナショナルブランド
メーカー品のこと。メーカーが宣伝広告を行い、卸を通すため、コストが高くなる。

量販店の仕事

店舗の現場では、レジ係・品出し・惣菜調理などの職務はパート社員が担うことが多く、正規社員は総合職として店舗経営にかかわります。各売り場の担当者、担当マネジャー、統括マネジャー、店長へのキャリアパスがあります。接客・商品在庫の確認・発注・棚割り・売り上げ管理・労務管理などの業務を行います。店

棚割り
陳列棚にどの商品をどのようにどのくらい置くかなどを決めること。

スーパーマーケットの本部と店舗

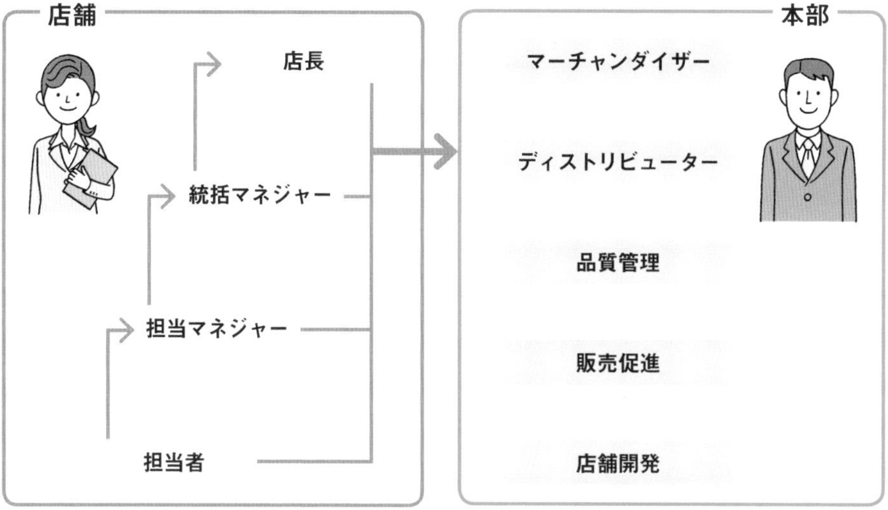

舗で働く人は、直接、消費者と接する企業の顔ですので、接客を楽しめる人が向いています。

本部では出店（店舗開発）業務、マーチャンダイジング（MD P.141）、ディストリビューティング、販売促進、品質管理の店舗支援業務のほか、さらに多くの業務があります。例えばPB商品開発、販売管理やキャッシュレス決済構築などのITシステム構築、ネットスーパーのシステム構築があり、また環境対応、フェアトレード、農場経営などの6次産業化、CSR（企業の社会的責任）も果たさなければなりません。マーチャンダイザーや販売促進は、店舗業務を一定期間経験したあと、本部へ異動となり、就くことができます。小売店のマーチャンダイザーは、担当する商品を仕入れるバイヤー業務に加え、売れる棚割り・陳列や宣伝広告まで責任を持ちます。

本部スタッフは、卸・食品メーカー・生産者・システム開発業者・消費者団体など外部の人と仕事をする機会が多く、知るべきことも多岐にわたるため、人間関係をうまく構築でき、好奇心がある人が望まれます。

ディストリビューティング
メーカーや問屋から自社の流通センターに入荷した商品を各店舗からの注文に応じて、配送経路などを考慮しながら効率的に配送手配すること。

Chapter6

07

小売③

スーパーマーケットの業態と仕事②

スーパーマーケットは強みを打ち出すための戦略を打っています。高級化、ショッピングモール形態の導入、フェアトレードや環境に配慮した商品の取り扱いなどで、特色を出しています。

統合が進む総合スーパーマーケット

ゼネラル・マーチャンダイズ・ストア（GMS）ともいい、食品のほかに日用品・衣料品・家電・雑貨・家具・飲食店など生活に必要なものをそろえた業態です。この点では百貨店と同様ですが、定価販売、対面販売の百貨店とは違い、主にコストを抑えた家庭用製品を扱います。近年では他の低価格衣料品、ホームセンター、家具、家電量販店に押されて非食品部門の売り上げの減少が止まりません。このため統廃合が進み、現在ではイオンとイトーヨーカドー（セブン＆アイＨＤ）の二大チェーンに集約されつつあります。ほかにも中部地方のユニー、関西のイズミヤ、米国ウォルマート子会社の西友などがあります。建物内に自社以外の衣料品会社、家具会社、家電量販店、飲食店を同居させて賃料収入を得る、ショッピングモール形態も増えています。

ショッピングモール
不動産会社などが建設運営し、複数の店舗が集合した大規模な商店街。広場や遊園地、駐車場などを備える。

食品スーパーマーケットは高級路線も

店舗面積250㎡以上で、取扱商品の70％以上が食品と定義される業態を食品スーパーマーケットといいます（経済産業省）。地元密着型の地方チェーンが多く、アークス（北海道）、ライフ、ヤオコー、オオゼキ、サミット、いなげや（関東）、バロー（岐阜）、平和堂（滋賀）、ハローズ（中国地方）などが挙げられます。大都市には高所得者層をターゲットにする紀ノ國屋、明治屋、成城石井、ナショナル麻布（東京）、いかりスーパー（兵庫）などの高級スーパーがあります。

スーパーマーケット業界内の食品売上高シェア

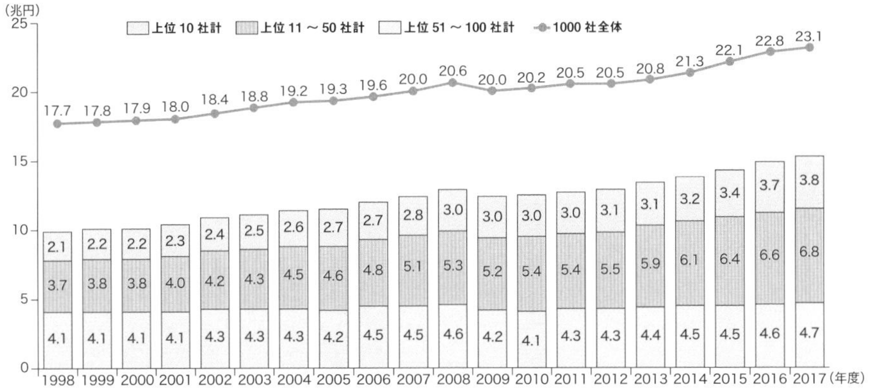

出典：スーパーマーケット白書2019年度（一般社団法人全国スーパーマーケット協会）

主な企業の売上高（2018年度連結）

単位：億円

	売上高	営業利益
イオン	85,182	2,122
セブン＆アイHD	67,912	4,115
イズミ	7,321	352
ライフコーポレーション	6,986	122
ユナイテッドスーパーマーケットHD	6,943	118
バローHD	5,650	142
アークス	5,122	148
平和堂	4,376	135
ヤオコー	4,350	179

生協も特色を打ち出している

消費生活協同組合は、共同購入のために消費者が出資する組合です。食品スーパーと同形態の店舗事業のほか、カタログによる宅配事業も行っています。各地に宅配専門や店舗主体などさまざまな特色を持った生協があります。例えば、有機野菜などの自然食品を取り扱うコープ自然派や、フェアトレードなど社会に配慮した食品を取り扱うコープみらい、環境配慮食品を取り扱うコープデリなどがあります。

Chapter6
08

小売④

コンビニエンスストア（CVS）の業態と仕事①

日々の生活に密着している便利（コンビニエンス）な店（ストア）ですが、時代の中で転換点を迎えています。

日本では1970年代にCVSが誕生

コンビニエンスストアとは、「飲食料品を扱い、売場面積30㎡以上250㎡未満、営業時間が1日14時間以上のセルフサービス販売店」（経済産業省）と定義されています。セブン-イレブンは、1974年にイトーヨーカドーがアメリカよりライセンス契約を得て東京で初出店しました。当初は午前7時から午後11時までの16時間営業でした。24時間営業になったのは1975年です。ローソンは、ダイエーの子会社として1975年に営業が始まりました。ファミリーマートは、西友が1978年に始めたCVSが前身となっています。

狭い店舗なので3,000品目（アイテム）程度しか陳列できないため、徹底して売れ筋商品しか置きません。ここで活躍するのが、POSシステムです。日々の売上を、本部とオンラインで共有します。売れるものを欠品させないように発注し、売れないものは「棚落ち」として商品棚から排除します。商品カテゴリーによって異なりますが、1日（または週）何個以上売れないと棚落ちになる「日販」や「週販」という言葉があります。また、限られた売上高の中で収益を確保するために、基本的に定価販売を実施しています。

POS
Point of Sales（販売時点情報管理システム）。商品につけられたバーコード(barcode)をスキャナーで読み取り、小売店のレジでの精算業務を行うとともに、読み取ったPOSデータを分析・加工することによって販売計画や在庫管理に活用する。

定価販売
最近は、メーカーが納入価格のみを定め、販売価格を店に任せる「オープン価格」を設定することが多くなった。

商品の温度帯に対応した配送で売り上げを支える

年間売上高は、CVS全体で11兆1,608億円です。売上高に占める商品構成は、弁当などのファストフードおよび日配品が36.0%、インスタント食品や菓子、飲料などの加工食品が27.4%、たばこや文房具などの非食品が29.8%、コピーや宅配便などの

コンビニエンスストアの配送のしくみ

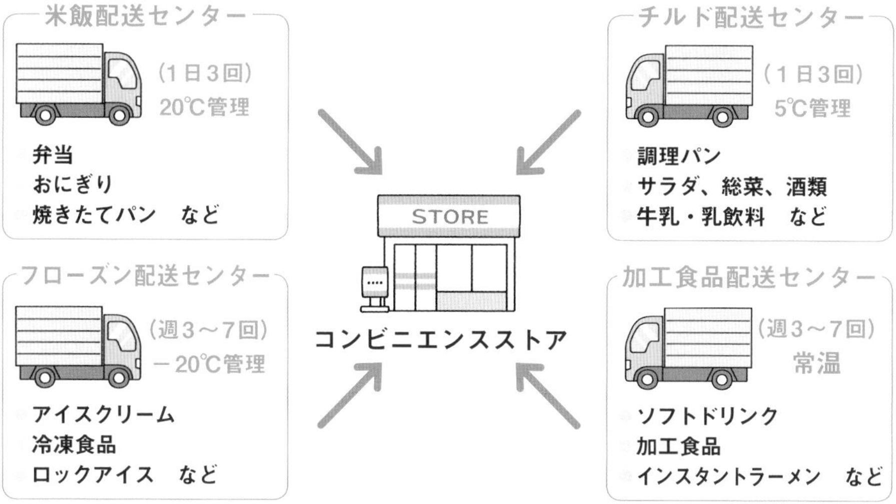

サービスが7.0%となっています（2019年）。弁当・調理パンといった日配品が大きな比重を占めています。

売上高を支えるため、商品配送システムは独自の進化を遂げてきました。CVSで扱っている商品は、配送の頻度を温度帯によって変えています。インスタント食品など加工食品の常温温度帯とアイスクリーム、冷凍食品などの冷凍温度帯（−20℃）は週3〜7回配送されます。また、サラダや調理パンなどの日配品は消費期限が1日以下のものが多く、チルド温度帯（5℃）で1日3回、おにぎりや米飯弁当は低温ででんぷんが硬くなるため、恒温温度帯（20℃）で1日3回配送されます。配送センターは、店舗がどこにあるかに応じて適切に設けられており、効率的な配送ルートを採ることができます。セブン-イレブンでは、1993年に現在のような1日3回納品、共同配送の形態になり、消費期限が短い保存料無添加の弁当を提供することが可能となりました。

また、1店舗当たりの商圏も小さく、狭い商圏に多くの自社チェーン店舗を出店し、他社チェーンを排除する**ドミナント戦略**を取っています。このようなスーパーマーケットとは異なる戦略を取ることで、急速に店舗数を増やしてきました。

ドミナント戦略
セブン-イレブンは2018年1月末時点で全国に2万33店を展開したと発表した。東京都（2,103.97km^2）には2,601店、神奈川県（2,415.86km^2）に1,393店、埼玉県（3,767.92km^2）に1,178店である。

Chapter6

09

小売⑤

コンビニエンスストア（CVS）の業態と仕事②

コンビニエンスストアは若者だけでなく高齢者にも広く利用されるようになりました。消費者に合わせた商品開発を行うほか、本部と店舗をつなぐ仕事もあります。

CVSは中食とPBに注力

弁当や惣菜、インスタント食品は一人暮らしの若者が主な顧客でした。しかし高齢化が進み、高齢者のCVS利用が増えています。弁当や惣菜などの中食は、CVS本部がベンダーと開発するPBですし、インスタント食品についてもナショナルブランド（NB）よりも売価が低いPB商品の開発にチェーン各社で力を入れています。

フランチャイズシステムで成長

PBに加え、CVSの発展を支えたもう一つのしくみは**フランチャイズシステム**です。CVS本部（フランチャイザー）が運営する直営店のほか、運営者であるオーナー（フランチャイジー）を募り、ブランド使用権や運営ノウハウをパッケージとして提供する代わりに、売上から一定割合で**ロイヤリティ**を徴収するビジネスモデルです。オーナーには個人でも企業でもなることができ、出店場所と建物はオーナーが自分で用意する場合と、本部が用意する場合でロイヤリティ比率が変わります。1店舗当たりの平均売上高は、現在セブン-イレブンが最も高く、店舗数が増える要因となっています。

フランチャイズシステム
franchise（営業権）の売買により店舗展開するビジネスモデル。コンビニエンスストアのほか、外食産業（P.166）でも見られる。

ロイヤリティ
royalty。権利の使用料のこと。

店舗数の飽和と人員確保が課題のCVS

少子高齢化が進んでいる中で、CVSの店舗数はこれまで増えてきました。ドミナント戦略（P.149）は、他社CVSを排除するためには有効と考えられてきましたが、店舗密度が増加すると小さい商圏で客の奪い合いとなるため、オーナーの経営を圧迫します。アルバイト店員は、オーナーが雇用しなければなりません。

主な企業の売上高（2018年度）

単位：億円

	売上高	営業利益	店舗数
セブンイレブン	48,988	2,450	20,876
ファミリーマート	29,828	442	16,430
ローソン	22,361	607	14,659
ミニストップ	3,337	–5	2,197
セイコーマート	1,812	7	1,173
デイリーヤマザキ	1,830	575	1,493
スリーエフ	610	–2.8	354

深夜勤務を嫌い、住宅地や地方ではなかなか人手が集まらない状況が続いています。こうなるとオーナー自らが店に立ち続けなければならなくなります。郊外では繁華街に比べ深夜来店が少ないというデータもあり、24時間営業が限界に近付いているとの指摘があります。この問題は社会問題となり、一部店舗で7時～23時の時短営業が始まっています。

本部、店舗の仕事とコンサルタント業務

CVS本部では店舗開発・品質管理・物流・システムといった経営戦略に基づいた業務をします。また、マーケティングや、PB商品をベンダーと一緒に開発する商品開発業務（CVSではMDという）があります。そのほかにもCVSで特徴的な職種として、直営店の店長や、全国のフランチャイジーが安定的な経営ができるようにコンサルティングを行うスーパーバイザー（P.167）という職種があります。

オーナーとして店舗運営する（フランチャイジーになる）ためには、CVS本部による説明会や研修を受け、売場の作り方・商品発注・POS端末（P.23）による売り上げ管理や経理・アルバイトの雇用法などを学びます。そして自身の資金で店舗を建設するか、本部に店舗を準備してもらうかして開店となります。日々の運営では、配送された商品の受け入れ、品出し、売れ残り品の処理や売上管理、商品発注、アルバイトの教育といった業務があり、店の経営者として責任を持ちます。

Chapter6
10

小売⑥

専門店の業態と仕事

1960年代まで日本で主流であった専門店は、消費者ニーズに応え、形を変えて存在しています。

専門店の種類と盛衰

ここでは専門店を、主に個人経営の食品店（個店）と定義します。スーパーマーケットやコンビニエンスストアが普及する以前、商店街には食品ごとに魚屋・八百屋・精肉店・乾物屋・酒屋・菓子屋などがありました。そのような店舗の機能はスーパーマーケットに吸収され、次第に個店は廃業していきました。

しかしながら、老舗の和菓子屋など個性を持った店は、ショッピングモールや再開発された駅ビルでテナントとして営業を続けている例があります。日本各地の茶葉をそろえた日本茶販売店や日本酒専門の酒屋、海産物店、自然食品店、チーズ専門店などの販売主体の店もありますが、和菓子や洋菓子、チョコレート、ベーカリー、豆腐類、ハム・ソーセージなど、製造販売の店舗も多いようです。

テナント
借家人、店子（たなこ）のこと。賃貸区画に入居する店舗や事業所を指す。

食品専門店の業務

食品販売店を経営するには、経営者として衛生管理・販売許可・経費管理・従業員の採用と労務管理・税務管理などを行わなければなりません。「食品衛生責任者」は食品の製造・販売に必須の、自治体から認定される資格です。

必須ではありませんが、日本茶の販売では「日本茶アドバイザー」もしくは「日本茶インストラクター」の資格があります。ワイン販売では「ソムリエ」「ワインエキスパート」などの資格を有しているとよりよいでしょう。

製造販売の仕事は、食品の製造販売業（豆腐から洋菓子まで）ほぼすべてのジャンルで共通しています。原材料の発注、前日ま

食品衛生責任者
P.205参照。

主な食品小売業の食品販売シェア（試算）

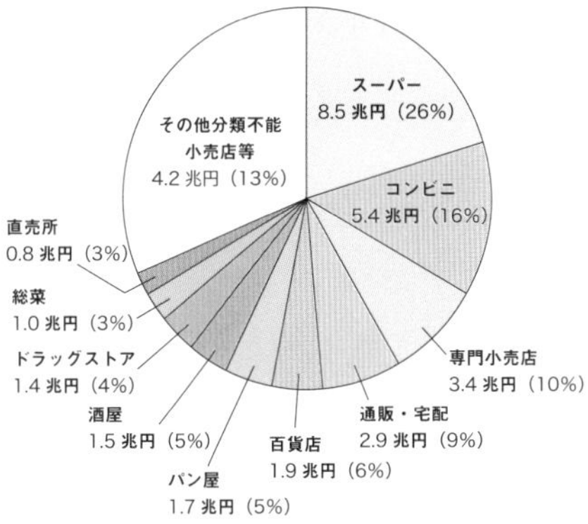

注：内訳のうち、スーパー、コンビニ、百貨店、ドラッグストア（2014年）は商業動態統計（経産省、2011年データ）、八百屋等の専門小売店や通販・宅配は経済センサス（2012年）、直売所は６次産業化総合調査（農水省、2011年）から算出。
専門小売店は、青果、鮮魚、精肉、米穀、飲料、豆腐、牛乳、乾物、茶類の各専門小売業の合計。宅配に厚労省消費生活協同組合（連合会）実態調査結果表から算出した生協の食品供給事業高（2011年、推計値）を含む。

食品小売事業所数の推移

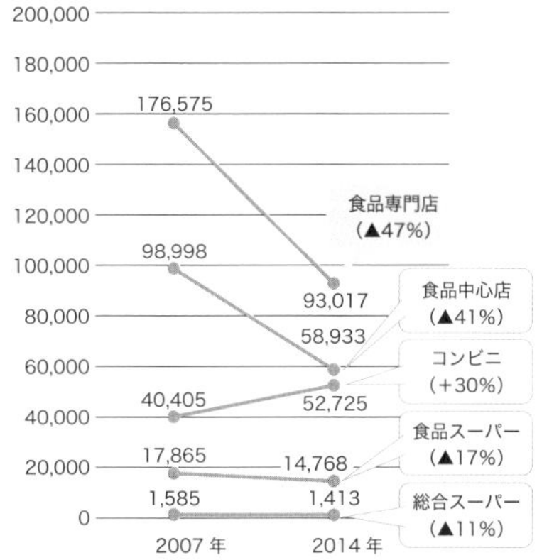

注：コンビニ以外は、商業統計（経済産業省、平成26年）、コンビニについては、店舗数、年間販売額は商業動態統計（経済産業省、平成26年）、それ以外は商業統計をもとに作成。
コンビニの事業所数は店舗数。

出典：農林水産省「生産者に有利な流通・加工構造の確立に向けて【流通・加工総論】」（2016年10月）

たは早朝から原料の仕込み・下ごしらえ・製造・販売です。製造販売を始めるためには、食品それぞれの製造技術を身につける必要があります。

パン職人（ブーランジェ）、和菓子職人、洋菓子職人（パティシエ）、チョコレート職人（ショコラティエ）になるには、専門店に就職して技術を学ぶ方法と、専門学校で学んでから就職する方法があります。職人になるために必須の資格はありませんが、パン職人や和洋菓子職人が取得可能な資格として「パン製造技能士」、「製菓衛生師」と「菓子製造技能士」があります。いずれも試験または検定で合格が必要な国家資格です。その他の資格としては、豆腐製造では「豆腐マイスター」という民間資格や「ハム・ソーセージ・ベーコン製造技能士」という国家資格があります。

食品の製造販売業は、職人として食品づくりが好きなことと、店舗経営者として運営ができる、両方を併せ持った人が向いています。

Chapter6
11

小売⑦

ドラッグストアの業態と仕事

現在のドラッグストアは医薬品だけでなく、食品や酒類も扱い、2018年度は前年比6.2%増の7兆2,744億円と成長を続けています。

ドラッグストアは競争が激化

日本でのドラッグストアとは、一般医薬品だけでなく化粧品やシャンプーなどのトイレタリーも扱っている業態です。チェーンストア方式を取っているところが多く、現在チェーンの再編が進んでいます。ビタミン剤や特保など、健康、美容関連の食品を充実させており、さらに一般食品まで取扱商品を広げてきました。処方箋に応じて医薬品を販売する調剤薬局と棲み分けていましたが、最近では調剤薬局を併設するドラッグチェーンが増えています。医薬品で収益が取れるため、食品関連の商品価格を低く抑える収益構造です。このため、安い食品で集客し、日用品や医薬品を買い物しやすい店舗構成となっています。2018年度は、食品を含む「その他」の伸長率が最も高く9.5%増でした。

トイレタリー
体を清潔に保ったり身だしなみを整えたりするための商品。

調剤薬局
医師の処方箋を基に薬剤師が調剤して薬剤を販売する。ドラッグストアにいる登録販売者は調剤はできず、一般用医薬品のうち第2類と第3類について消費者に購買の際の助言をすることができる。

もともと地場のチェーンが発達していましたが、チェーン間の競争が激化し、仕入れ・流通のコストを抑えるために、地域チェーンを広域チェーンが吸収する統合が加速しています。

2018年度の売上高は、北海道が発祥のツルハHDが首位、2位はウエルシアHDですが、両者にイオンが出資（出資率はそれぞれ13%、50%）しています。セイジョーとセガミ、コダマが統合して7位となったココカラファインは、2019年、5位のマツモトキヨシHDと6位のスギHDの両方から経営統合を打診されています。どちらと統合しても売上高1位になる見込みです。

ドラッグストアの業務

ドラッグストアは、医薬品を取り扱うため薬剤師や登録販売者が勤務していますが、それ以外は食品スーパーと同様の業務があ

POB会員のレシートから見るチェーン店別カテゴリ構成

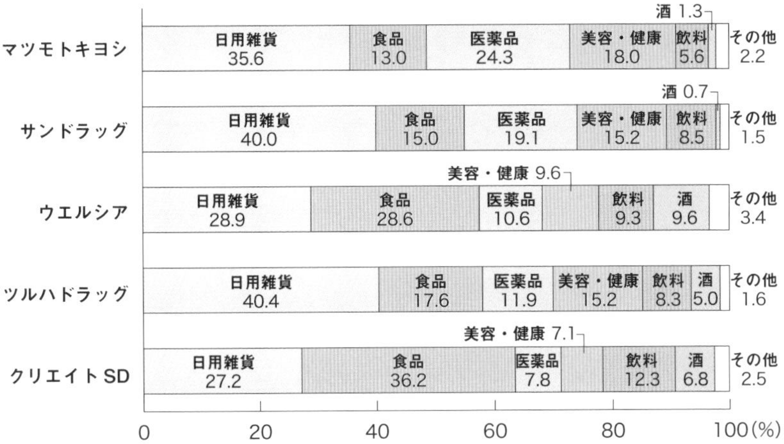

注：POBとは、消費者の購買行動だけではなく理由までわかるデータベース。
出典：ソフトブレーン・フィールド調べ（2017年7月1日〜2017年12月31日）

ドラッグストアで購入する食品（複数回答）

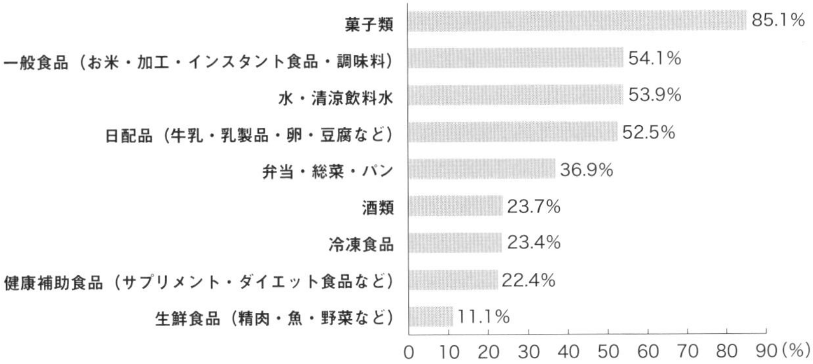

出典：ソフトブレーン・フィールド調べ（N=2267名）

ります。独特の資格として、日本臨床栄養協会が認定する「NR・サプリメントアドバイザー」があります。この資格は、保健機能食品（P.17、104）や健康食品を消費者に正しく理解してもらえるよう助言を行うことを目的としています。薬剤師でなくとも、講習を受け試験に合格すれば認定を受けることができます。合格率は、管理栄養士で72.2%、薬剤師で88.5%、資格を持っていない人で40.5%です（2019年度試験）。

Chapter6
12

小売⑧

通信販売（EC）の業態と仕事

通信販売の中でも、銘店のお取り寄せからネットスーパーまで幅広い選択肢の中から利用できるインターネット通販（ネット通販）が爆発的な勢いで伸びています。

利便性がアップする通信販売

通信販売は、消費者が新聞チラシやカタログ、TVショッピングを見て電話や郵送、ファクスなどの方法で注文し、商品が自宅に配達されるというビジネスモデルです。注文から配達まで日数がかかることから、生協のように定期的に配達をする業態以外、食品には向いていないと考えられていました。しかしながら、ヤマト運輸や佐川急便など、民間のクール宅配便が拡大したことと、インターネットの発達で、生鮮食品を含む食品が扱えるようになりました。ネット通販を電子商取引（Eコマース：EC）とも言いますが、代金支払いの方法として、銀行振り込み、コンビニ払い、クレジットカード決済に加え、電子マネーで決済できるなど、利便性が格段に向上しています。

電子商取引
Eコマース、ECともいい、インターネットを介してPCやスマートフォンで物を売ったり買ったりすることを指し、代金の決裁までをインターネット上で行うことを含む。

矢野経済研究所によると、2018年度の国内食品通販市場全体は小売金額ベースで前年度比3.3％増の3兆7,138億円（見込み）です。同研究所によると、このうちウェブ経由の食品ECの市場規模は2兆2,099億円と見込まれています。EC運営サイトの売上高は、商品取扱数が多いアマゾンが1位で、楽天が2位、ヤフーが3位となっています。これらのサイトでは、B to Bの業者も出店しており、今まで一般の消費者が買えなかったプロ用の製菓原料や加工調味料のような業務製品も購入できるようになっています。食品専門のサイトとしては、ローソンが出資するオイシックス・ラ・大地が、生鮮野菜やミールキットの定期宅配を行っています。イオン、セブン＆アイHD、西友などのGMSや食品メーカー、専門小売店で通販サイトを運営している企業も続々参入しています。地方の逸品、産直農水産物、定期配送、定額配送（サブスクリプション）、などさまざまなサービスを各社で競う状況になってきています。

ミールキット
1食当たりのメニューに必要な食材をセットにして、販売または配達すること。野菜などはそのままの場合やあらかじめカットしてある場合、食材を半調理してある場合など、利便性に合わせてさまざまな状態でキット化される。

日本の食を含む全BtoC-EC市場規模の推移

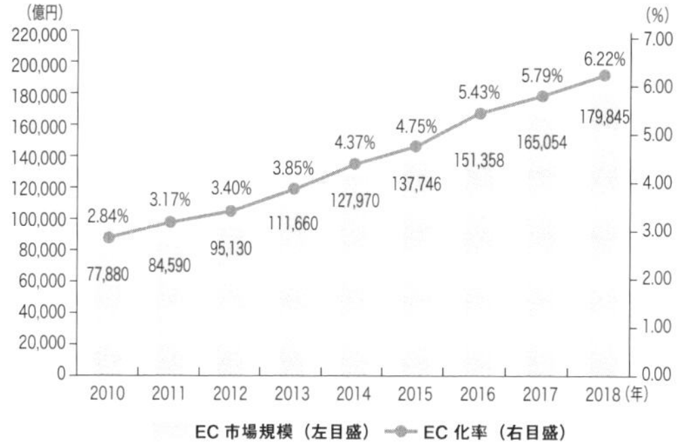

出典：「経済産業省」平成30年度我が国におけるデータ駆動型社会に係る基盤整備

食品通販のチャネル別市場規模構成比（2018年度見込）

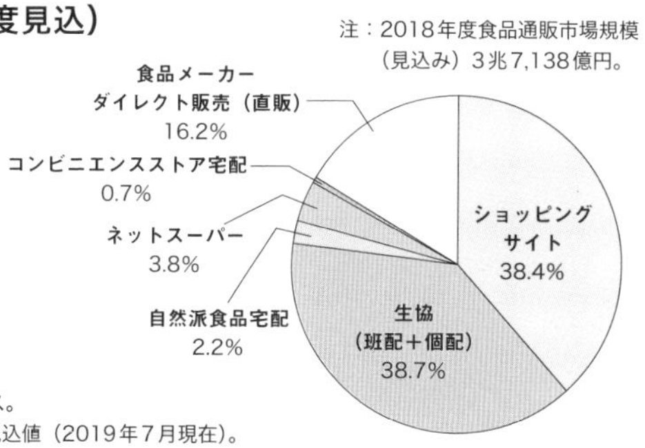

注1：小売金額ベース。
注2：2018年度は見込値（2019年7月現在）。
出典：株式会社矢野経済研究所調べ「食品通販市場に関する調査（2019年）」

ネット通販事業の仕事

基本的にECはサイト運営業務ですが、出店者である食品企業にとってもメリットがあります。24時間営業できること、出品すること自体がマーケットリサーチになること、在庫を最小限にできることです。すなわち、どの商品がどれだけ売れたかはもちろんのこと、購入者の属性が購入履歴に記録され、購入傾向がつかめます。食品の場合は、販売状況に応じて製造、出荷すればよいので無駄に在庫を持たずに済みます。さらにミールキットの定期宅配は、買い物・調理の簡便化を求める単身、共働き世帯、高齢者世帯の需要に応えるものと期待されます。

ECでのサイト開設はITの知識が必要なので、食品企業はデジタルマーケティング部でIT技術者を採用するか、サイト制作を外注することになります。

業界マップ

食品卸

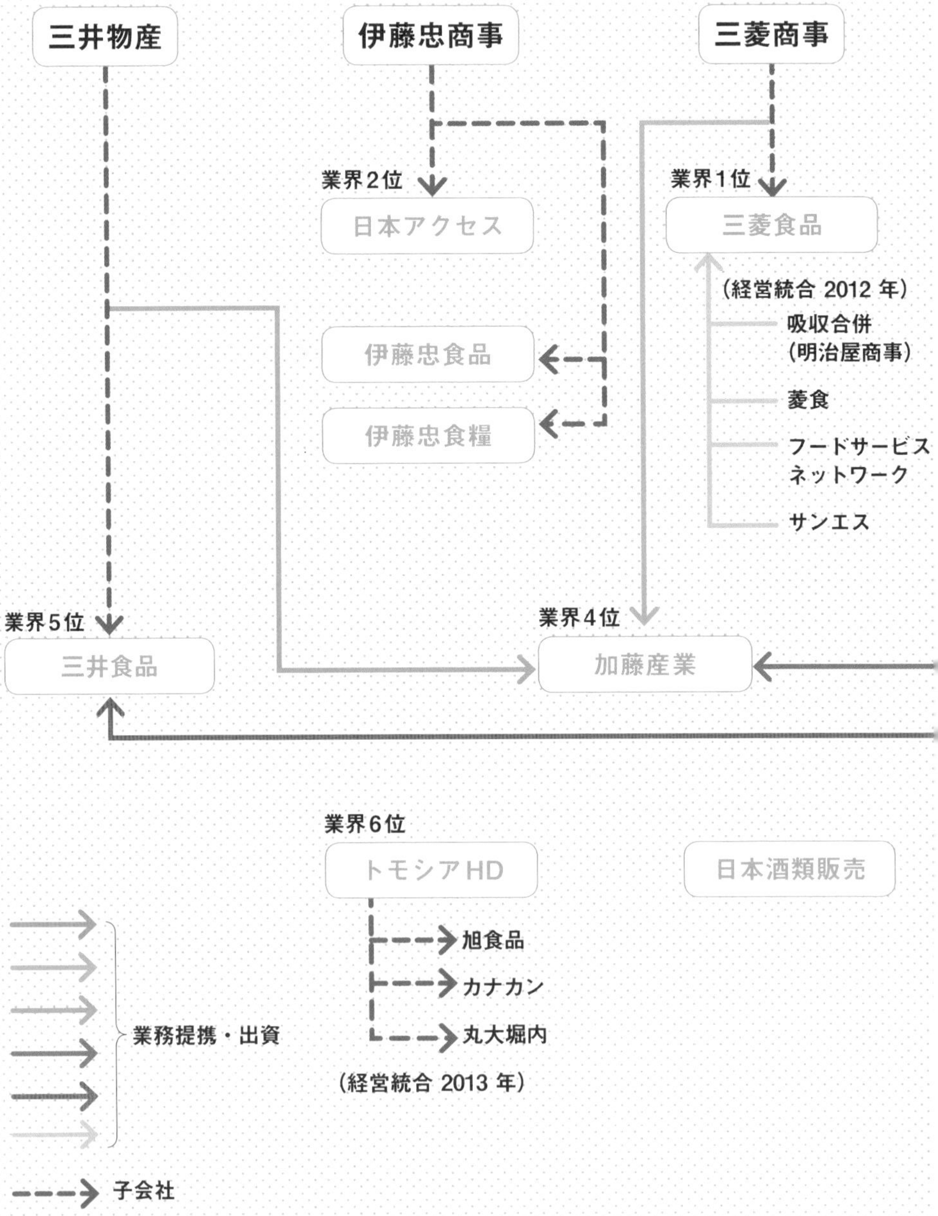

三井物産
伊藤忠商事
三菱商事
業界2位
日本アクセス
業界1位
三菱食品
(経営統合 2012 年)
吸収合併
(明治屋商事)
菱食
フードサービス
ネットワーク
サンエス
伊藤忠食品
伊藤忠食糧
業界5位
三井食品
業界4位
加藤産業
業界6位
トモシアHD
日本酒類販売
旭食品
カナカン
丸大堀内
(経営統合 2013 年)
業務提携・出資
子会社

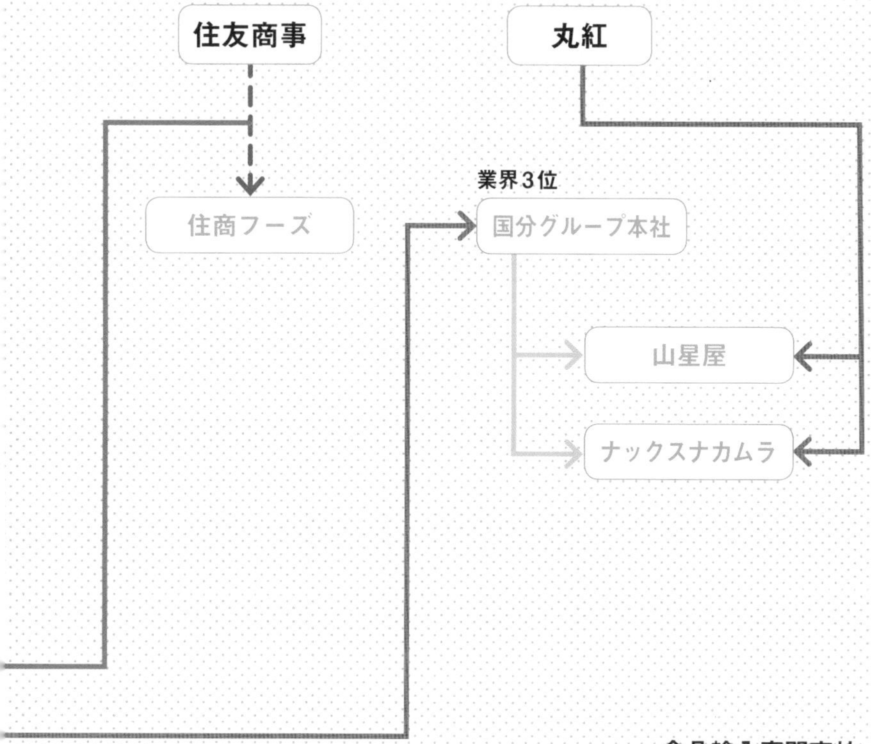

食品輸入専門商社

青果物

ゼスプリインターナショナルジャパン
ワタリ　スミフルジャパン
丸松青果　ユニオン

水産物

大都魚類　ベニレイ　ニチモウ
東洋冷蔵　横浜冷凍　マリンフーズ

菓子・食品・食品素材

巴商事　ユニテックフーズ
共立食品

紅茶

片岡物産　アンシャンテ・ジャポン
ジャパン・ティー・トレーディング

乳製品・チーズ

フォンテラ ジャパン　チェスコ
日成共益　野澤組　東京デーリー
ラクト・ジャパン　日本マイセラ

ワイン

エノテカ　ヴィノスやまざき
フィラディス　アルカン

業界マップ

小売業

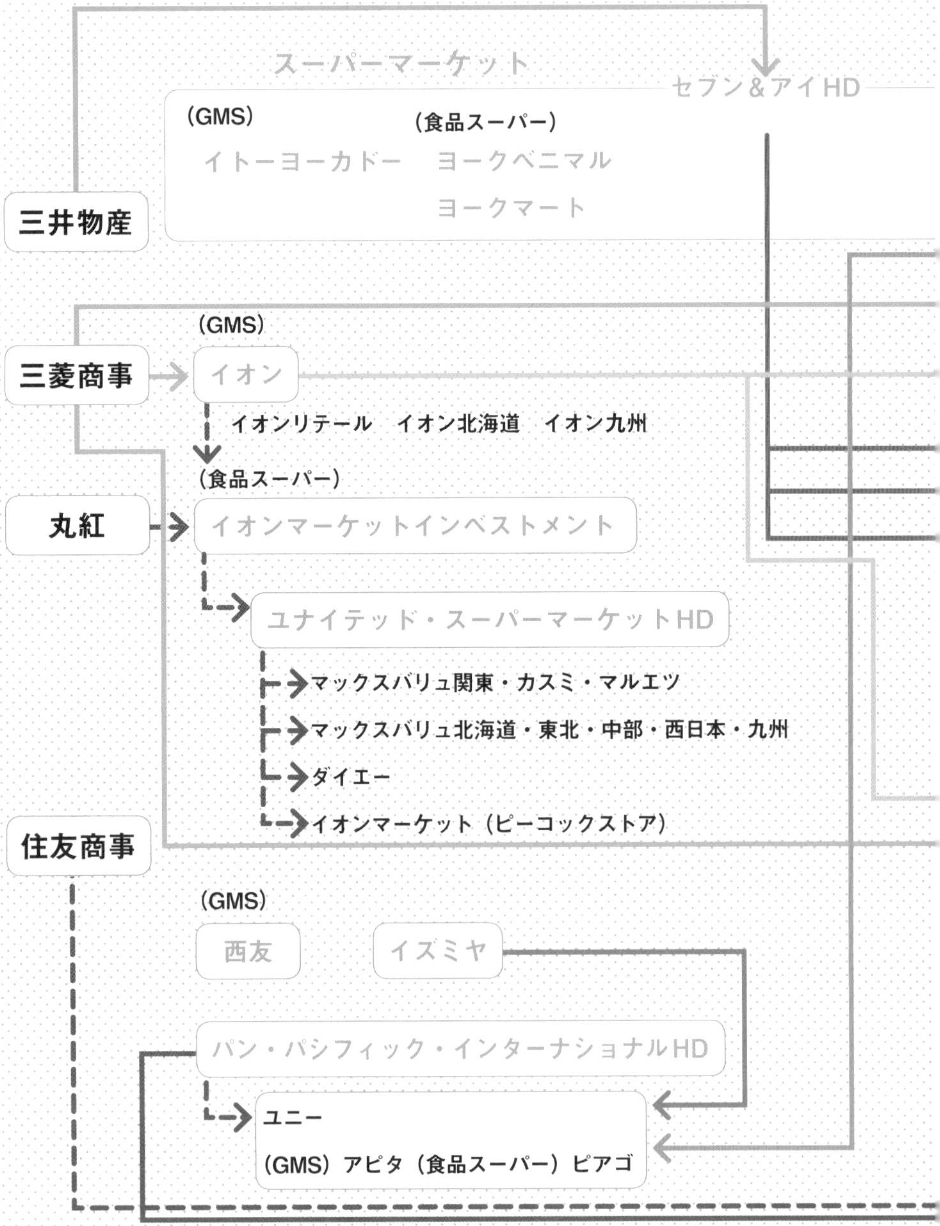
スーパーマーケット
セブン&アイHD
(GMS)
イトーヨーカドー
(食品スーパー)
ヨークベニマル
ヨークマート
三井物産
(GMS)
三菱商事
イオン
イオンリテール　イオン北海道　イオン九州
(食品スーパー)
丸紅
イオンマーケットインベストメント
ユナイテッド・スーパーマーケットHD
マックスバリュ関東・カスミ・マルエツ
マックスバリュ北海道・東北・中部・西日本・九州
ダイエー
イオンマーケット（ピーコックストア）
住友商事
(GMS)
西友
イズミヤ
パン・パシフィック・インターナショナルHD
ユニー
(GMS) アピタ（食品スーパー）ピアゴ

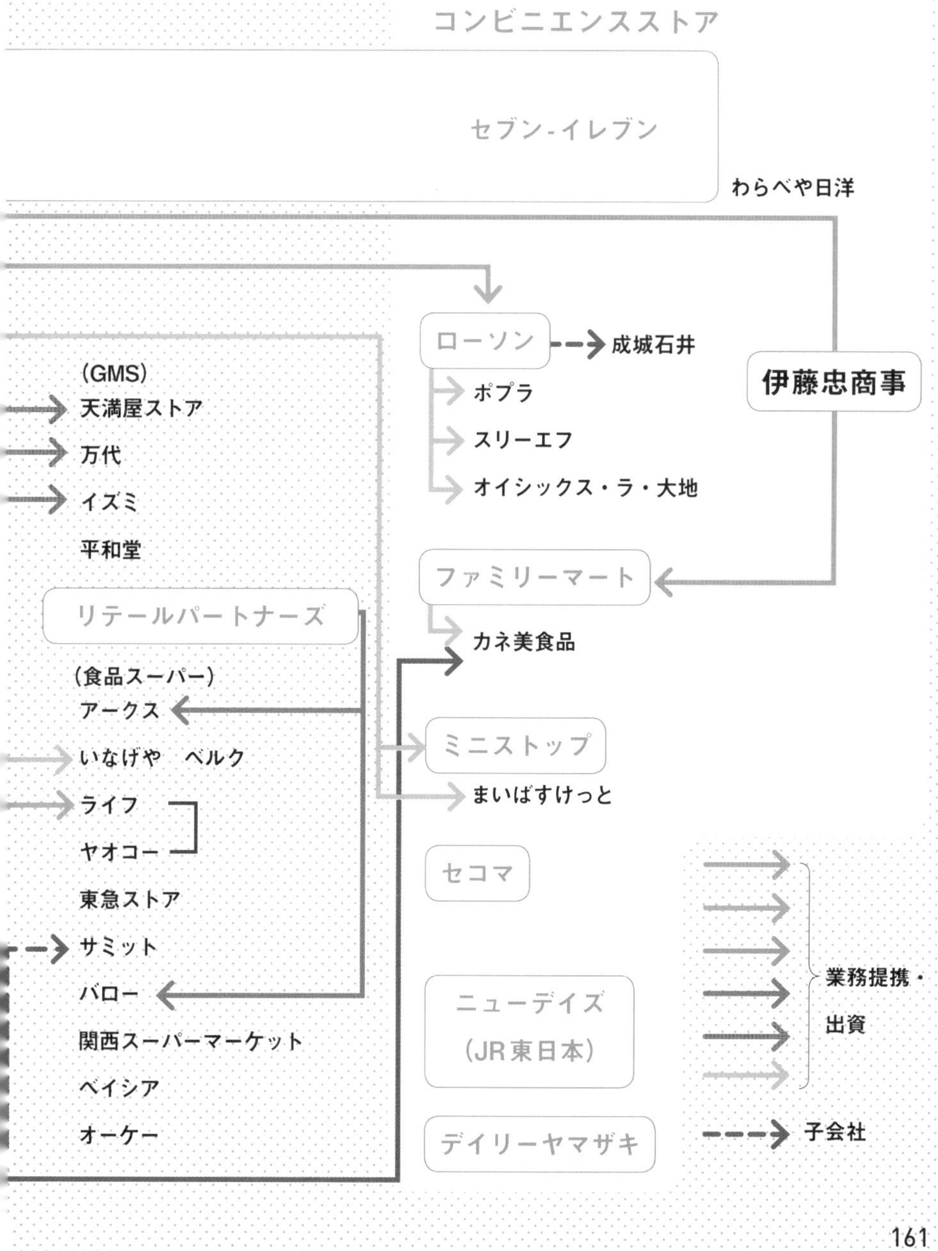
コンビニエンスストア
セブン-イレブン
わらべや日洋
ローソン
成城石井
ポプラ
スリーエフ
オイシックス・ラ・大地
伊藤忠商事
ファミリーマート
カネ美食品
ミニストップ
まいばすけっと
セコマ
ニューデイズ
(JR東日本)
デイリーヤマザキ
(GMS)
天満屋ストア
万代
イズミ
平和堂
リテールパートナーズ
(食品スーパー)
アークス
いなげや　ベルク
ライフ
ヤオコー
東急ストア
サミット
バロー
関西スーパーマーケット
ベイシア
オーケー
業務提携・
出資
子会社

COLUMN 6

食に伴う廃棄物問題

フードロスに対する さまざまな取り組み

食品産業の廃棄物には、野菜の切れ端や、魚の骨や鱗、家畜の骨や蹄などがあります。こうした生産や加工の過程で発生するものは、種類や量が一定なので、家畜のエサや肥料、バイオマスとしてメタン燃料にするしくみができています。しかし、家庭での食べ残しや賞味期限切れ、小売での売れ残りや返品など、本来食べられるのに廃棄されるものを食品ロス（フードロス）と呼び、大きな社会問題となっています。必要な分量を購入し使い切るなどの一人一人の消費者の早急な意識改革が必要です。

流通では、賞味期限を年月日から年月にすること、賞味期限の3分の1を過ぎたものは小売店が納品を受け取らないという3分の1ルールから、2分の1まで納品を認めるという2分の1ルールへの変更などの対策がされています。また、賞味期限が近くなった食品を提供してもらい、低所得者の施設などで活用するフードバンクといったNPOの取り組みも行われています。

容器・包装の廃棄は 環境問題に直結

廃棄物としては、容器・包装も大きな問題となっています。スーパーマーケットやコンビニエンスストアでは、包装された加工食品や食品をラップやプラスチックトレーで小分けして販売し、消費者はレジ袋で持ち帰ります。このようなプラスチック製品は、石油資源の浪費であるばかりでなく、焼却すると二酸化炭素が発生し、地球温暖化につながります。近年では、環境に廃棄されるとマイクロプラスチックとなることが明らかとなり、海洋汚染として大きな問題にもなっています。

このため、レジ袋やプラスチックストローの廃止、容器・包装の3Rが進められています。リデュース（使用量を減らす）、リユース（再使用する：ガラス瓶など）、リサイクル（再生する：PETボトルや紙、金属缶など）の頭文字のRを行うことにより、容器・包装の資源保護と廃棄物の削減を目指すものです。

第7章

外食産業のあらましと仕事

私たちの周りにはさまざまな外食店があります。全国展開している大規模チェーン店、高級レストラン、地元で長く愛される店など多様な飲食店が存在します。ここでは外食産業の特徴と仕事内容、環境に応じた変化などを見ていきましょう。

Chapter7
01

外食産業のあらまし①

外食産業の企業規模による特徴

企業規模によって仕事内容ややりがいに違いがあります。100店舗以上展開する大規模店、20～100店舗程度を展開する中規模店、それ以下の小規模店に分けてみていきましょう。

チェーン店など多くの店舗を経営する大企業

100以上の店舗を展開する**チェーン店**のほか、多様な**業態**で大規模なビジネスを展開している企業があります。ファストフードやファミリーレストラン、居酒屋チェーンなど知名度の高い飲食店が存在し、上場企業も数多くあります。

多店舗経営の多くの企業は、セントラルキッチンと呼ばれる工場で一括集中調理を行う仕組み、調理や接客のマニュアル化など、多くの店舗を効率的かつ安定的に運営できる工夫がされています。

仕事内容はその事業規模から、店舗での仕事以外に多くの細分化された職種が存在します。規模の大きな事業において大きな組織の一員としてキャリアアップしていくという点では、一般の大企業と変わらないといえます。

チェーン店
一般的に多店舗を同一ブランドで展開する飲食店をチェーン店と呼ぶことが多い。

業態
提供するメニューや提供方法などの違いによる飲食店の種類。例えば、居酒屋、焼肉店、中華料理店など。

多様な経営戦略が特徴の中規模企業

20～100店舗に展開する企業カテゴリーには、専門性の高い飲食店を多店舗展開したり、ドミナント戦略（特定の地域に限定して出店拡大）などの個性的な経営戦略を取る企業が数多く存在しています。またフランチャイズシステム（**7-02**参照）により、複数のブランドで多店舗を経営する企業なども存在しています。

仕事内容としては、おおむね大手企業と変わりません。しかし、規模が異なるため組織の専門分化は大企業ほど細かくないケースが多く、そのため経営者や役職者がより大きな責任範囲を持つことにもなります。新たな業態開発や新店舗出店など、スピード感のある成長期の企業も多いことが特徴です。大組織よりも風通しのよい組織で、積極的に挑戦したいタイプの人には適しているでしょう。

店舗数別外食企業の例

店舗数	主な店舗の例	
1,000店舗以上	ファストフード	マクドナルド、モスバーガー、すき家、吉野家、松屋
	ファミリーレストラン	ガスト、サイゼリヤ
	専門店・カフェ	CoCo壱番屋、ミスタードーナツ、スターバックス、ドトールコーヒー、サーティワンアイスクリーム
300店舗以上	ファストフード	サブウェイ、ロッテリア、ケンタッキーFC、なか卯
	ファミリーレストラン	ジョイフル、ココス、びっくりドンキー、バーミヤン、デニーズ
	居酒屋	魚民、大吉、鳥貴族、庄屋、養老乃滝、和民
	専門店・カフェ	牛角、はま寿司、スシロー、くら寿司、かっぱ寿司、丸亀製麺、はなまるうどん、餃子の王将、大阪王将、リンガーハット、幸楽苑、日高屋、寿がきや、コメダ珈琲、タリーズコーヒー、サンマルクカフェ、不二家
100店舗以上	ファストフード	フレッシュネスバーガー
	ファミリーレストラン	ロイヤルホスト
	居酒屋	串カツ田中、塚田農場
	専門店・カフェ	杵屋、プロント
100～20店舗	地場チェーンや多業態企業など	
20店舗以下	個人経営を含む複数店舗経営企業	

注：海外店舗を除く。フランチャイジー店舗を含む。

こだわりの店舗を経営する小規模企業

20店舗以下の店舗を経営する企業は、代々続く個人経営の店、料理人が独立した店舗、大企業のノウハウを活かしての起業、異業界からの参入など多様な飲食店が存在し、日本の外食産業の企業数の90％以上を占めています。

料理人のこだわりや経営者の創造性が活かされた魅力的な飲食店が数多く存在するのがこのカテゴリーといえます。

仕事内容としては、スピード感、ダイナミックな経営が魅力です。例えば現場からの意見を吸い上げ、スピーディーに解決策やイノベーションを自ら創造することができる醍醐味は、大きな組織のものとは異なります。「お客様の顔が見える組織で、自らが改革の主役になる」といった仕事に魅力を感じる人に適しているでしょう。

外食産業のあらまし②

外食産業のビジネスモデル

飲食店の経営には、さまざまな経営のスタイル＝ビジネスモデルが存在します。

チェーン店の多くが採用するフランチャイズシステム

「チェーン店」の経営には、フランチャイズ、直営、複合型の大きく３つの経営スタイルがあります。

大規模なチェーン店の多くが採用しているのが「フランチャイズシステム」と呼ばれる経営手法です。他社へライセンスとともにノウハウと商品を提供し、店舗の売り上げから手数料を徴収するシステムで多店舗を図ります。

通常、権利や商標、ノウハウなどを提供する側をフランチャイザー（本部、略してザー）と呼び、受ける側をフランチャイジー（加盟者・加盟店、略してジー）と呼びます。

一方、直営店は、自社資本の店舗と自社雇用の従業員で経営を行います。他社資本の加盟店を展開してゆくフランチャイズシステムと比べると、商品企画・改善の柔軟性や社員教育の一貫性などのメリットがあるといえます。

基幹**ブランド**以外にも多様な業態を展開する企業もあります。基幹ブランドの経営で得られたノウハウを他ブランドで活かすほか、近年ではM&A（企業統合）によって他ブランドを傘下に収める例も増加しています。

ブランド
同じ店舗名、営業スタイル、メニュー、デザインで展開する店舗名称のこと。統一展開・マネジメントすることで、消費者への認知と浸透を図る。

ニーズが多様化する給食事業

給食事業では、委託元（企業や地方自治体など）の依頼で社員食堂や**施設内食堂**などの「食堂運営」を任されます。比較的大型の施設の運営委託を受ける関係上、事業者は大規模企業が多いことも特徴です。給食会社では委託元の要望に基づき、メニュー企画や店舗運営を行います。

施設内食堂
社員食堂、学校給食、医療機関、福祉施設などにあるもの。

フランチャイズシステムの例

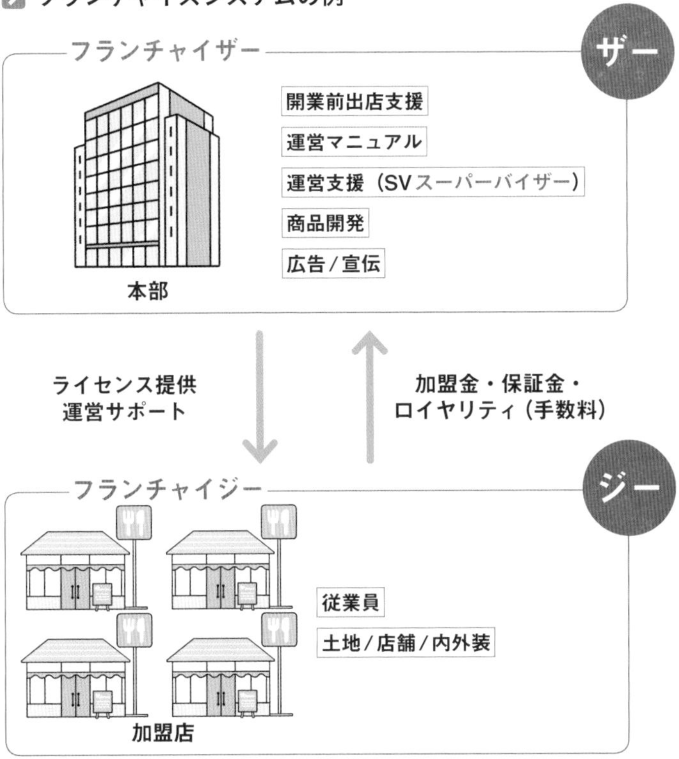

出典：株式会社マイナビ「マイナビ独立」を参考に作成

スーパーバイザー
店舗現場と本部の中間に位置し、現場の管理・監督をする職種。略してSVと呼ぶことも多い。現場指導と同時に活動支援、現場からの課題の発見などを業務とする。

社員食堂では「社員向けに安価な食事を提供する」という目的が以前は多かったのですが、近年では社員の健康管理や社員同士の交流機会を作るなど、設置目的が変化してきており、価格だけではない「価値」の提供が求められています。

その他、医療機関、高齢者向け施設内の食事を提供することが目的の「病院給食」という分野もあります。病院では患者の病状や栄養学的見地による細やかな指定に対応しますし、高齢者向け施設では高齢者のニーズに応えます。こうした施設向けの運営は、一般の飲食店とは異なる制限や要望に合わせた管理体制が必要となります。

Chapter7
03

外食産業の代表的な職種

サービス業としての外食産業の仕事には、企業規模の大小や、業態によってさまざまな職種が存在し、また仕事の面白さややりがいにも違いがあります。

店舗でのさまざまな職種と役割

外食産業の仕事というと、一般的な飲食店やホテルで働く「料理人」や「ホールスタッフ」など現場での仕事、責任者である「店長」、「料理長」、「栄養士」などの専門職などを連想されることが多いですが、外食企業の仕事は企業規模や業態によって多様な仕事が存在し、仕事のやりがいやキャリアアップの道も多彩です。

現場を支える職種として料理人、ホールスタッフ、店長などの職種があり、その中にはソムリエ、ワインエキスパート、利き酒師などのプロフェッショナルな資格を活かして活躍する方もいます。

本部でのさまざまな職種と役割

本部スタッフ（店舗以外での仕事）としては以下の代表的な職種があります。スーパーバイザー（P.167）、**エリアマネジャー**、**ブランド責任者**、プロデューサーは、複数店舗や業態、地域の責任者として業績、運営、人材育成などをマネジメントします。大企業やチェーン展開する企業に多く見られます。

商品開発・商品企画はメニューの内容や構成、使用食材、調理方法、食材調達などの企画業務を担当します。マーケティングは市場の分析や競争環境、トレンドのリサーチなど、マーチャンダイザーの仕事領域はマーケティングとともに商品化、製造コストのマネジメントまで幅広いものです。

店舗開発は店舗物件の選定、獲得のための交渉、契約などを担当します。バイヤーは食材や厨房機器、消耗品などの調達、価格交渉や物流などが業務内容となります。

デザイナーは店舗デザイン、ユニフォーム、メニューブックや

エリアマネジャー
地域責任者のこと。多地域にまたがるチェーンなどで、一定のエリアの店舗をまとめたマネジメントを行う。売上利益、人事・教育など広い範囲を業務とする。

ブランド責任者
一つの会社で複数のブランドを展開する場合にブランドごとに置かれる事業責任者のこと。

店舗、本部の職種

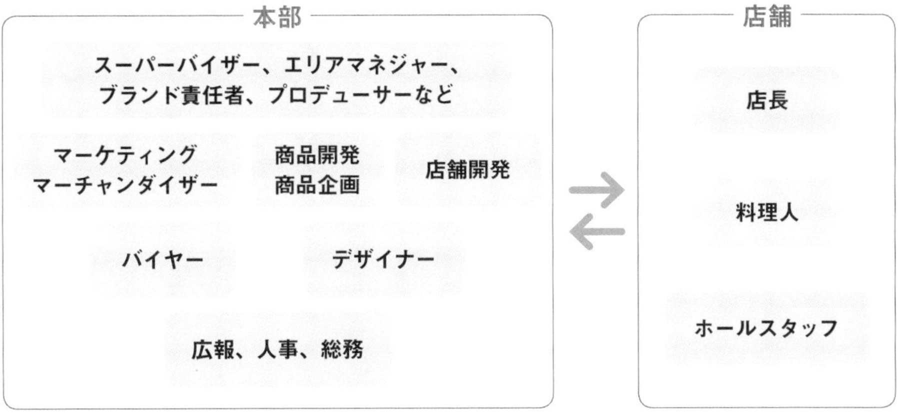

販促物のデザインなどを行います。

広報、人事、総務は一般的に「管理部門」とよばれる部署ですが、外食企業にも存在します。広報はマスコミや業界紙、専門誌などへの戦略的な仕掛けのプロ、人事は人材の採用と育成を担当します。

飲食店も企業である以上、ゼネラリストとして経営者としての仕事へキャリアアップする道があります。代表取締役、CEOは企業の代表として会社の経営の最高責任者であり、企業の理念やミッションの発信者です。取締役、執行役員は各部門を担当しながら経営の全体に責任と権限を持つ役割を果たします。

資格とキャリアステップ

調理師免許、管理栄養士などの技能資格は、もちろん飲食店の現場で活かせる資格といえますが、外食ビジネスの中でキャリアアップしていくためには必ずしも資格が必須ではありません。店舗現場で専門の資格や技術を磨くほか、現場経験を経て本部スタッフとして外食企業のさまざまな組織の仕事へキャリアアップしていく道もあります。スペシャリストあるいはゼネラリストとして、企業ごとにどんなキャリアステップがあるのかを知ることが大切でしょう。

Chapter7
04

外食産業の市場と競争環境

世界から注目される日本の食。多くの企業が海外へ進出し、グローバルな仕事ができるチャンスに恵まれています、近年では業種や業態を超えた競争が加速しています。

規模にかかわらずグローバルな産業

近年、日本の外食産業は積極的に海外進出しており、外食は日本の輸出産業の一つといってもよいでしょう。逆に海外ブランドを日本へ展開する例も多く、ハンバーガーなどのファストフードの新興チェーンや老舗高級レストランなどが日本の外食企業と組んで日本市場への進出する例は最近増加しています。

食材の仕入れについても、もはや食材調達はグローバルであり、肉、魚、野菜といった生鮮はもちろん、加工を海外で行っている企業も多くあります。

海外出店のスタッフとして海外に赴任する、あるいは海外の食材調達で現地に赴くといったグローバルな働き方も期待できるでしょう。

地域や生産者とのつながり、地域活性を担う飲食店

飲食店は、地域の食材や料理を提供する観光産業の一員として、街に人を呼ぶ街づくりの一員としてなど、観光や街づくりにおいて重要なプレイヤーです。

公園事業、観光資源、地域創成、食文化の創造、雇用創出など、ただ単に料理や酒を提供するだけでなく、地域や街を活性化する役割を担う「プレイヤー」として重要な役割を担っています。

グローサラント
グローサリー（食品雑貨店）とレストランを合わせた造語で、スーパーなどで売られている食材を店舗内で調理して食べることができる施設を持った営業形態をいう。

外食・中食・内食のボーダレス化

近年の食品製造技術や、パッケージ、配送技術の進化は目覚ましいものがあり、特に日常の食の分野では、飲食店の競争相手は必ず

海外進出企業の例

社名	海外店舗数 ※直営・FC計	主な進出国（地域）	備考
吉野家 ホールディングス	954	中国、香港、台湾、シンガポール、フィリピン、インドネシア、タイ、カンボジア、マレーシア、アメリカ	グループ中、吉野家のみ。2019年12月末時点
トリドール ホールディングス	575	シンガポール、カンボジア、マレーシア、タイ、インドネシア、ベトナム、台湾、韓国、中国、オーストラリア、アメリカ、ヨーロッパ各国	2019年3月末時点
ゼンショー ホールディングス	513	インドネシア、マレーシア、タイ、ベトナム、台湾、メキシコ、ブラジル	2019年5月末時点
サイゼリヤ	411	中国、香港、台湾、シンガポール	2018年8月末時点
コロワイド	157	シンガポール、ベトナム、インドネシア、タイ、フィリピン、台湾、香港、カンボジア、中国、アメリカ、カナダ、韓国	2018年3月末時点

ボーダレス競争の例

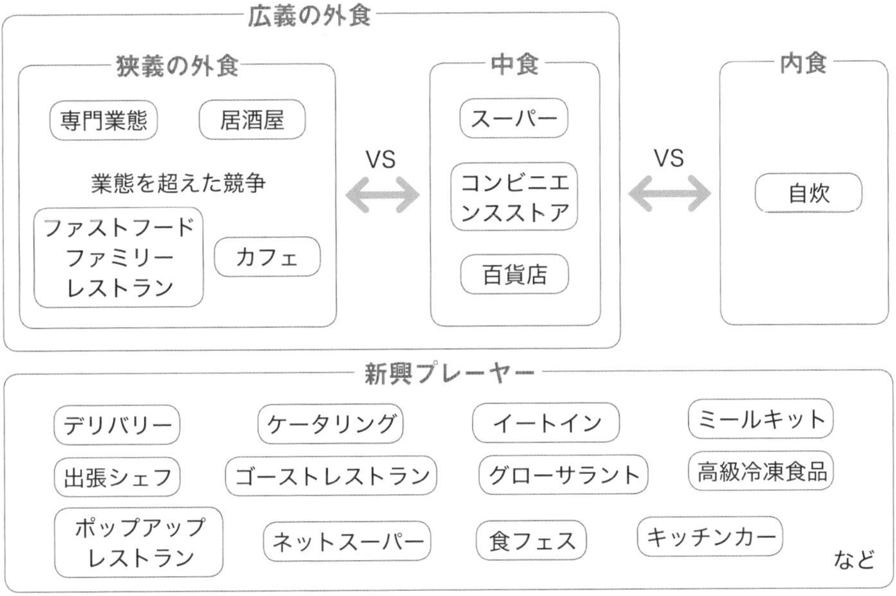

出典：ホットペッパーグルメ外食総研主催「外食総研セミナー」発表会資料より一部変更

しも飲食店だけではなく、コンビニや惣菜店、弁当店、スーパーマーケット、さらにはイートインコーナー、**グローサラント**、キッチンカー、テイクアウト、デリバリー、ミールキットなど、多様な形態の食ビジネスとの「ボーダレス」な競争環境となっています。

外食産業の市場と未来②

Chapter7

05

外食産業の未来

外食産業にもテクノロジーの進化やグローバル化の恩恵があり、そのため競争関係や仕事の質に変化が生まれています。

日本の外食産業の生産性向上への取り組み

20世紀の外食産業は、多店舗展開や価格競争など、厳しい競争環境を勝ち抜くためにさまざまな効率化、合理化に取り組んできました。セントラルキッチンによる調理の集中化と効率化、製造の外部委託、**POSレジ**導入や業務のマニュアル化など、経営効率を高める努力を行ってきた結果、現在の姿があります。

しかしながら近年、市場の競争環境が大きく変わり、また人材不足などの課題も深刻化する中、外食産業は「**生産性**」をいかにして向上させるかが課題とされています。そのためには効率を高めるだけではなく、より高い「価値」を生み出すことが必要です。

外食産業は「効率主義」から脱却し、より高い「価値」を生み出すクリエイティブで魅力的な産業に生まれ変わるために、官民を挙げてさまざまな取り組みが始まっています。

POSレジ
POS＝Point of Salesの略。レジデータで、どんな商品が、いつ、どこで、どんな顧客に売れたのかを蓄積、分析するシステムのこと。

生産性
input（投入した経営資源）に対して、どれだけのoutput（成果、利益）が挙げられたかの指標。一般的には粗利÷総従業員数で表す。日本の外食産業は他産業に比べてこの指数が低いことが課題とされている。

人がよりクリエイティブな仕事に集中する

外食産業は、調理や接客など「人」を通じて行うサービスの比率が他産業に比べて高く、また受注に合わせて「まとめて製造する」「作り置きする」などが難しいことが特徴（製造と提供の同時性という）ですが、近年のテクノロジーの進化によって徐々にイノベーションが進んできています。

「機械でできることは機械にまかせ、人は人でなければできない、よりクリエイティブな仕事に集中する」。この進化は大変期待されている分野です。すなわち、お客様との会話や、サービス向上の改善策、商品企画を考える、メンバーとの面談、など人の創造性、感受性を必要とする仕事により集中できるようになるのです。

外食産業のテクノロジー活用例

ICT活用	セルフオーダー・スマホオーダーシステム活用、バックヤード業務の効率化など省力化、省人化
	位置情報による店舗検索、摂食栄養素管理アプリ
キャッシュレス	会計業務の負荷軽減、レジ締めなどのバックヤード業務の軽減
MaaS（マース）	自動運転による配送、ドローンによる配送
AI	顔認証による顧客認識、来客数予測、自動食材発注
ロボティクス	ロボット調理、自動配膳、掃除ロボット
その他	培養肉、代用肉の利活用
	eラーニングによる研修

人材のグローバル化

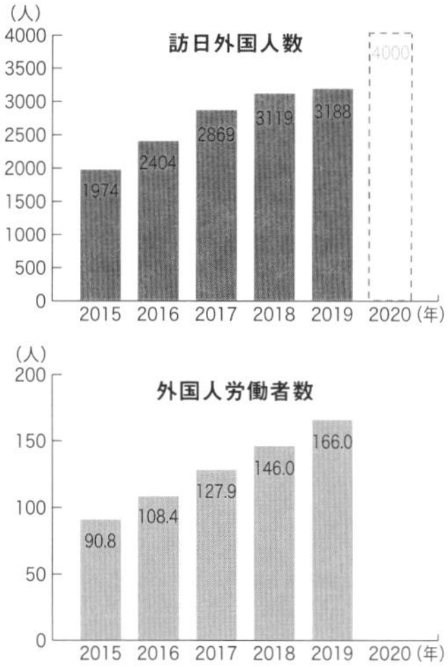

「お客様」も「働く人」もグローバル化する

近年、外国人観光客だけでなく外国人定住者も増加を続け、さらに2019年4月の入管法改正で、**特定技能**という新しいビザ発給により、さらに多くの外国人労働者が多く日本で働くようになると言われています。

これからの外食業界にとって、お客様としてだけでなく、「働く人々」としても外国人が増えていくことは、市場も労働市場も「グルーバル化」していくことを意味しています。

特定技能
2019年4月に新設された外国人の在留資格（就労ビザ）の一つで、これまで不可だった外食をはじめとするサービス業の現場スタッフとしての就労が認められた。

食の多様性に対応する

グローバル化するということは、さまざまな食習慣や文化を持った人々に対応できるサービスを日本市場が持つということです。

例えばハラル（ムスリムに禁じられている豚由来の食やアルコールを含まない）、ベジタリアン（菜食主義）、ヴィーガン（菜食に加え油や乳製品など動物由来の食材を使わない）などを、ホスピタリティ産業としてもてなすサービスを提供できることが必要でしょう。また、高齢者向けサービスや**食のモビリティ**拡大などで、さまざまな新しい食のあり方が求められます。

食のモビリティ
デリバリーやテイクアウトなど、モビリティ（移動性）のある食の在り方は、人口減少、世帯の分散化に対応し必要となる食の在り方と言える。

業界マップ　外食産業

ファストフード

【洋風】
日本マクドナルドHD
モスフードサービス
BKジャパンHD（バーガーキング）
ダスキン（ミスタードーナツ）
フレッシュネス（コロワイド）
ロッテリア
日本KFC HD（ケンタッキーフライドチキン）
日本サブウェイ（サブウェイ）
ファーストキッチン

【和風】
吉野家HD（吉野家、はなまるうどん、京樽）
ゼンショーHD（すき家、なか卯）
松屋フーズHD（松屋、松のや）
アークランドサービスHD（かつや ほか）
トリドールHD（丸亀製麺）
ホットランド（築地銀だこ）

多業態

DDホールディングス
（九州熱中屋、アロハテーブル ほか）
クリエイト・レストランツHD
（磯丸水産、AWキッチン ほか）
WDI（ハードロックカフェ、カプリチョーザ ほか）
コロワイド（甘太郎、牛角、かっぱ寿司 ほか）
JR東日本フーズ

寿司

スシローグローバルHD
カッパ・クリエイト（かっぱ寿司）／コロワイド
元気寿司
くら寿司
ゼンショーHD（はま寿司）
銚子丸

ファミリーレストラン

ロイヤルHD（ロイヤルホスト、てんや ほか）
すかいらーく（ガスト、バーミヤン ほか）
サイゼリヤ
セブン&アイ・フードシステムズ（デニーズ）
ジョイフル
SRS HD（和食さと ほか）
アレフ（びっくりドンキー）
アークミール（フォルクス）
ゼンショーHD
（ココス、華家与兵衛、ブロンコビリー ほか）
ビッグボーイ
フレンドリー

喫茶、カフェ

ドトール・日レスHD
コメダHD（コメダ珈琲）
スターバックスコーヒージャパン
サンマルクHD
タリーズコーヒージャパン
プロントコーポレーション
東和フードサービス（椿屋珈琲）
珈琲館
銀座ルノアール
ポッカクリエイト（カフェ・ド・クリエ）
バルニバービ
シャノアール（カフェ・ベローチェ）
BRサーティワンアイスクリーム
カフェ・カンパニー

給食

エームサービス
グリーンハウスフーズ
レオック／おのでらグループ
日清医療食品
シダックス
西洋フード・コンパスグループ

※ホールディングス＝HDと表記。
※企業名（代表的な店舗名）を表記。
企業名／グループ会社名を表記。
※誌面の都合上、代表的な企業例を掲載。

レストラン、各国料理ほか

【和食、定食】
大戸屋HD
梅の花
サガミHD（サガミ、味の民芸）
プレナス（やよい軒）
フジオフードシステム（つるまる、かっぽうぎ）
がんこフードサービス
グルメ杵屋レストラン（杵屋、そじ坊 ほか）

【中華】
王将フードサービス（餃子の王将）
イートアンド（大阪王将）
ハイデイ日高（日高屋）
東天紅

【ラーメン・カレー】
天下一品／天一食品商事
幸楽苑HD
力の源HD（一風堂）
グロービートジャパン（らあめん花月嵐）
リンガーハット
スガキコシステムズ（寿がきや ほか）
CoCo壱番屋
ゴーゴーカレー
丸千代山岡家（山岡家）

【パスタ】
ジョリーパスタ／ゼンショーHD
日本レストランシステム（洋麺屋五右衛門 ほか）

【ステーキ、焼肉、しゃぶしゃぶほか肉業態】
物語コーポレーション（焼肉きんぐ、丸源ラーメン）
ねぎしフードサービス
ペッパーフードサービス（いきなり！ステーキ）
レインズインターナショナル（牛角、しゃぶしゃぶ温野菜）／コロワイド
ワンダーテーブル（ロウリーズ、バルバッコア、モーモーパラダイス）
ダイニングイノベーション（やきとり屋すみれ、焼肉ライク）
アトム（ステーキ宮 ほか）／コロワイド
木曽路
安楽亭
あみやき亭
叙々苑
トラジ（焼肉トラジ）
牛繁ドリームシステム（牛繁）

【そば、うどん】
ダイタングループ（名代富士そば）
三ツ和（小諸そば）
グルメ杵屋レストラン（杵屋、そじ坊 ほか）

【洋食、その他】
ひらまつ
精養軒
うかい

居酒屋、パブ、バーほか／飲酒業態

モンテローザ（白木屋、魚民、笑笑 ほか）
大庄（庄や、やるき茶屋 ほか）
SFPホールディングス（磯丸水産、鳥良 ほか）
チムニー（はなの舞 ほか）
ワタミ
三光マーケティングフーズ（金の蔵 ほか）
テンアライド（天狗）
ユナイテッド＆コレクティブ（てけてけ）
鳥貴族
串カツ田中HD
ヴィアHD（魚や一丁 ほか）
エー・ピーカンパニー（塚田農場 ほか）
ジー・テイスト（村さ来）
テラケン（さくら水産）
養老乃瀧（養老乃瀧、一軒め酒場 ほか）
ハブ（HUB）
ダイナックHD（響 ほか）
サッポロライオン
一家ダイニング
（屋台屋博多劇場、こだわりもん一家 ほか）
エスエルディー（kawaraCAFE&DINING）
つぼ八／やまやグループ
ナッティスワンキー（ダンダダン酒場）
グローバルダイニング（権八、モンスーンカフェ ほか）
ゼットン／DDホールディングス
魚喜（UOKI ほか）
ジェイグループHD（芋蔵 ほか）
JFLAホールディングス（とりでん、とり鉄 ほか）
ワイズテーブルコーポレーション（XEX、サルヴァトーレ）
きちり（KICHIRI）

弁当、惣菜、持ち帰り、宅配

プレナス（ほっともっと）
オリジン東秀
ハークスレイ（ほっかほっか亭）
ライドオンエクスプレス（銀のさら）
本家かまどや
フォーシーズ（ピザーラ）
ロック・フィールド
京樽／吉野家HD
小僧寿し
柿安本店
ドミノ・ピザ ジャパン
日本ピザハット

【宅配事業者】
Uber Eats
出前館
ファインダイン／ライドオンエクスプレス
ごちクル／スターフェスティバル
menu

COLUMN 7

和食とユネスコ無形文化遺産

ユネスコ無形文化遺産とは？

ユネスコは正式名称を国際連合教育科学文化機関（United Nations Educational, Scientific and Cultural Organization U.N.E.S.C.O.）といい、諸国民の教育、科学、文化の協力と交流を通じて、国際平和と人類の福祉の促進を目的とした国際連合（国連）の専門機関です。

無形文化遺産は、芸能や伝統工芸技術などの形のない文化であって、土地の歴史や生活風習などと密接にかかわっているもののことです。日本では、芸能の能楽、人形浄瑠璃文楽、歌舞伎、祭事の京都祇園祭の山鉾行事、工芸の結城紬、小千谷縮、和紙といった文化が登録されています。

食関係では、2010年にフランスの美食術、地中海食などが登録されています。「和食」は、日本政府が2012年に申請し、2013年にユネスコの委員会で登録決定されました。

世界に認められた和食

ユネスコ無形文化遺産に登録されたのは、正式には「和食：日本人の伝統的な食文化」といいます。料理そのものを指すのではありません。①四季折々の新鮮で多様な食材と素材を用い、その持ち味を尊重する工夫が施されている、②一汁三菜を基本に、米、魚、野菜や山菜といった地域で取れるさまざまな自然食材を用いるほか、出汁の「うま味」を上手に使うことにより、動物性油脂の少ない栄養バランスに優れた、健康的な食生活を形成している、③料理に花や葉などの素材をあしらったり、飾り包丁を施すなどの美意識を根底に、旬の食材や、季節に合った調度品や器を利用することで季節感を楽しむ盛りつけを行う、④年中行事と密接にかかわっており、自然の恵みである「食」を分け合い、食の時間を共にすることで、家族や地域の絆を深めてきた、といった食文化そのものが評価されたのです。

第8章

食品業界にかかわる法令

食の供給や食の安全を守り、消費者が品質、内容量を正しく知るためのルールがあります。ここでは、食品業界にかかわる法律をまとめて確認しましょう。

Chapter8
01

法の整備

食品業界に関係する主な法律

農水産物の生産から、加工製造、販売、消費、廃棄までの各段階で、食品は国民の健康に直接かかわるため、さまざまな法律によって規制されています。

さまざまな視点から構成されている法体系

法令は、食品衛生法や食品表示法など国会で定める法律（法）、その下に内閣で定める政令（施行令）、ほかにJAS法などといった省庁で定める省令（施行規則や告示）という構造になっています。いずれも法的拘束力があり、法令と総称します。一般的に法、施行令、施行規則や告示の順に、より詳細な内容になります。これらの法令のほか、自治体が独自に定める条例があります。

食関連の法律は、主に食の供給に関するものと、食の安全な流通・消費に関するものに分けられます。厳密な区別ではありませんが、前者は農水畜産物やそれらの加工品の生産や規格に関する法令群で、農林水産省が所管します。後者は食品の安全性を担保し、国民の健康向上に関する所管する法令群や消費者が不利益を被らないための法令群で、厚生労働省が所管します。2009年に消費者庁ができてから、生産者や事業者に対する法令群は農林水産省や厚生労働省が、消費者に関する法令群は消費者庁が所管するようになりました。

消費者庁
多くの省庁にまたがっていた、消費者を保護するための施策を一元的に司るため、2009年、内閣府の外局として新設された。1980年代以降発覚した欠陥ガス湯沸かし器事件や2008年に発生した中国製農薬混入餃子事件などが背景となり、消費者保護を目的としている。

食品産業の発展と法整備

歴史的には、1900年に有毒、有害な飲食物の取り締まりを規定した「飲食物其ノ他ノ物品取締ニ関スル法律」が制定されました。戦時中の1942年には食料生産、主に主食である米を確保するため「食糧管理法」ができました（1995年廃止）。

第二次世界大戦後の日本の食料事情は、量的に不足しているだけでなく、衛生面にも問題がありました。飲食によって生ずる危害の発生を防止するため、1947年に「食品衛生法」が改めて成

食品産業に関する主な法律

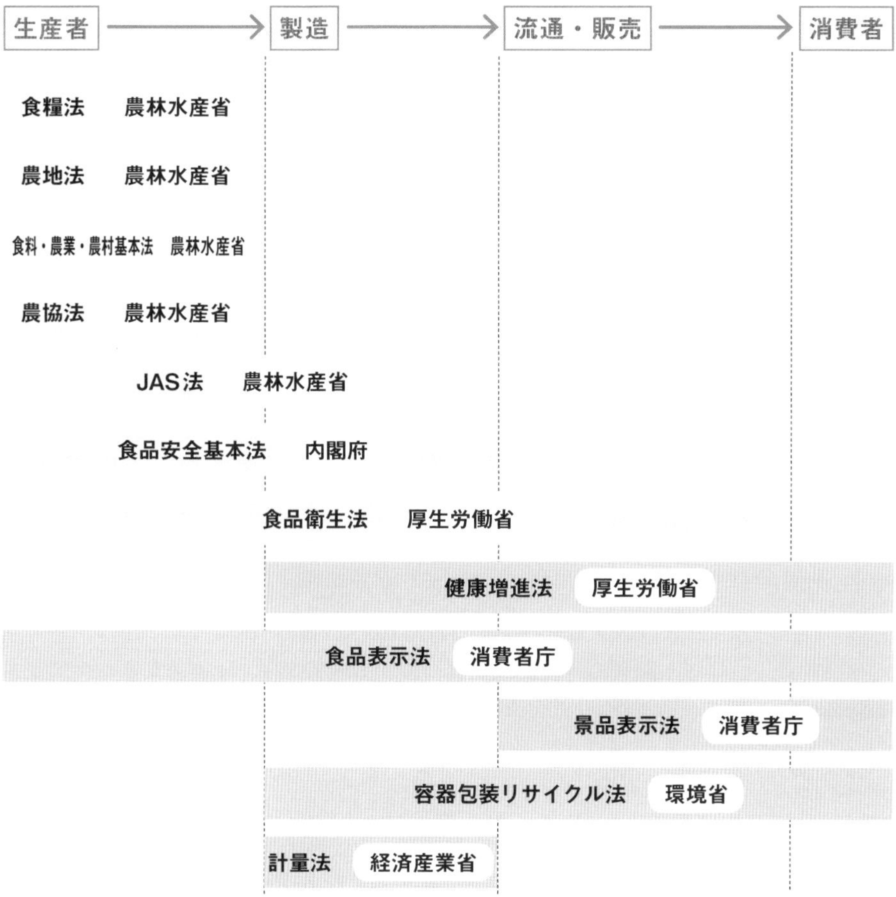

注：白枠内は主な所管省庁を示す。複数の省庁で共管するものもある。

立しました。また農林物資の品質確保のため、1950年「農林物資の規格化及び品質表示の適正化に関する法律（JAS法）」が制定されました（現「日本農林規格等に関する法律」）。1952年には国民の栄養状態改善のため「栄養改善法」が制定されましたが、高度経済成長期以降、生活習慣病患者の増加が社会問題となり、健康の維持増進を目的とする「健康増進法」が作られました（2002年）。食品衛生法、JAS法、健康増進法それぞれに、消費者にどのように食品表示をするかという項目がありましたが、消費者庁の発足を受け、食品表示に関する項目を整理統合した「食品表示法」が施行されました（2015年）。

Chapter8

02

農業関連の法律

「食料・農業・農村基本法」と「農地法」

日本の国の農業の発展のための法律です。農業の持続的な発展や自然環境の保全を主にさまざまな目的で制定されました。

食の供給、農村の振興を守る「食料・農業・農村基本法」

1999年に農林水産省を所管として制定されました。食料の安定供給の確保や、国土の保全、農村の多面的機能の発揮による、農業の持続的な発展、農村の振興を理念としています。

基本計画として、食料・農業と農村に関する施策についての基本的な方針、食料自給率の目標、食料・農業と農村に関し、政府が総合的かつ計画的に講じるべき施策などを策定しています。

食料の安定供給の確保に関する施策として、食品業界の健全な発展とともに、輸出入のために国際協力を行うこととなっています。

農業の持続的な発展に関する施策では、家族農業経営の活性化、農業経営の法人化の推進、農地の確保と有効利用、人材の育成および確保、技術の開発と普及、災害による損失の補てんなどが講じられています。

農村の振興に関する施策では、農業と他の目的での土地利用のバランスをうまく取りながら、地域の農業の健全な発展を図り、景観が優れ、豊かで住みやすい農村とすることが定められています。**中山間地域**などの振興においては、新規作物の導入、地域特産物の生産、販売による就業機会の増大などが定められています。

中山間地域

統計上、日本の農地は「都市的農業地域」「平地農業地域」「中間農業地域」「山間農業地域」に分類されている。そのうち、「中間農業地域」「山間農業地域」を合わせたもので、全国の耕地面積の約4割を占めている。

意欲ある農業者を育てる「農地法」

農業の振興のためには、農業生産の競争力をつけることが、重要です。農業従事者の高齢化による耕作放棄地が増加し、農地の集約化、生産コストの削減が進まないなどの問題から、2009年、改正農地法が施行されました。この法律では、**農地所有適格法人**の要件が緩和され、農業専従者以外の役員の人数も増えるなど、

農地所有適格法人

法人形態によって農業を営む法人の総称。形態は「会社法人」と「農事組合法人」とに分けられる。会社法人のうち、農業経営を行うために農地を取得できる農業法人のことを農地所有適格法人という。

食料・農業・農村基本法の理念

国民生活の安定向上および国民経済の健全な発展

食料の安定供給の確保

- 良質な食料を合理的な価格で安定供給
- 国内農業生産の増大を基本とし、適切な輸入と備蓄
- 国内の農業と食品産業の健全な発展
- 不測時の食料供給の確保

多面的機能の発揮

- 国土の保全、水源のかん養、自然環境の保全、良好な景観の形成、文化の伝承など

↑

農業の持続的な発展

農地、農業用水、担い手などの確保と望ましい農業構造の確立
農業の自然環境機能の維持増進

↕

農村の振興

農村は農業の持続的な発展の基礎
農業の生産条件の整備
生活環境の整備その他福祉の向上

出典：東北大学季刊「まなびの杜2005秋号No. 33」内特集「食料・農業・農村基本法と政策形成」松原明紀文

改正農地法のポイント

個人が農業に参入しやすくする	**農地を取得する際の下限面積（50a）を緩和** ・地域の実情に応じて自由に設定
株式会社でも農地を借りられるようにする	**株式会社などの賃貸での参入規制を緩和** ・農地の賃貸期間を20年から50年に延長
出資という形で農業へ参入しやすくする	**農業生産法人の要件を緩和** ・食品関連企業などからの出資が1/2未満まで可能
農地の適切な利用を徹底する	**農地確保のための措置の徹底** ・転用規制の厳格化→病院、学校などの公共転用への協議制の導入 ・遊休農地対策の強化→毎年、すべての農地を対象とした利用状況の調査

出典：農林水産省「改正農地法について」

新規参入がしやすくなりました。耕作放棄地を集約し、ほかの耕作者に貸与するための農地中間管理機構（農地集積バンク）法も改正され、意欲のある農家に農地を集約し、大規模化を促す手続きを簡素化できるようになりました。

Chapter8
03

JAS法

「日本農林規格等に関する法律」（JAS法）は、農林物資の規格を定めた法律です。

品質その他の規格を定める「JAS法」

JAS法（日本農林規格：Japanese Agricultural Standards）は、農林水産分野において適正な規格の認証および試験などの実施を確保することが目的です。対象は、政令で定められた飲食料品および油脂、農産物、林産物、畜産物および水産物と、これらの原材料を製造または加工したものです。規格は、①農林物資の品位、成分、性能その他の品質、生産行程、流通行程、②農林物資の生産、流通の方法など、③農林物資に関する試験、分析または検定の方法に基づいて、4つのJASが制定されています。

4つのJAS規格

一般JASは、品位、成分、性能などの品質についてのJAS規格を満たす食品などに付されます（①）。即席麺やハム、醤油など74規格（2019年9月現在）について、それぞれ規格、技術基準、検査方法、表示方法が定められています。例えば、豆乳の場合は、豆乳、調製豆乳、豆乳飲料に分類され、それぞれの製造方法、保管方法、試験方法について規格を満たす必要があります。

有機JASは、有機JAS規格を満たす農産物、畜産物、加工食品に付され、このマークがないと「有機○○」やオーガニックなどと表示することができません（②）。

特色JASは、熟成ハムや地鶏肉、ストレートジュースなど、特色のある日本産品（②）のさらなる差別化・ブランド化に向けて制定されます。試験方法JASは、JAS試験（③）で測定された農産物に付されます。

有機農産物

堆肥などによる土作りを行い、播種や作付けの前2年以上と栽培中に(多年生作物の場合は収穫前3年以上)、原則として化学肥料および農薬は使用していないもの、遺伝子組み換え種苗は使用していないもの。

有機加工食品

加工の際には化学的に合成された食品添加物や薬剤の使用を極力避け、原材料には95%以上が有機農産物、有機畜産物または有機加工食品を使用し、薬剤によって汚染されないよう管理された工場で製造し、遺伝子組み換え技術を使用していないもの。

有機畜産物

飼料は主に有機飼料を与え、野外への放牧などストレスを与えずに飼育し、抗生物質などを病気の予防目的で使用せず、遺伝子組み換え技術を使用していないもの。

JASで規格が定められている食料品とマーク

一般JAS	飲食料品 ・農産物缶詰および農産物瓶詰　・畜産物缶詰および畜産物瓶詰 ・水産物缶詰および水産物瓶詰　・豆乳類 ・にんじんジュースおよびにんじんミックスジュース ・ハンバーガーパティ　・チルドハンバーグステーキ ・チルドミートボール　・乾めん類　・即席めん ・植物性たんぱく　・パン粉　・農産物漬物 ・トマト加工品　・ジャム類　・削りぶし ・煮干魚類　・ぶどう糖 ・異性化液糖および砂糖混合異性化液糖　・醸造酢 ・精製ラード　・マーガリン類　・ショートニング ・食用精製加工油脂　・そしゃく配慮食品　・果実飲料 ・りんごストレートピュアジュース　・炭酸飲料 ・ベーコン類　・ハム類　・プレスハム ・ソーセージ　・マカロニ類　・ドレッシング ・風味調味料　・乾燥スープ　・ウスターソース類 ・醤油　・食用植物油脂　・熟成ベーコン類 ・熟成ハム類　・熟成ソーセージ類　・手延べ干しめん ・地鶏肉　・人工種苗生産技術による水産養殖産品 ・障害者が生産行程に携わった食品
有機JAS	・有機農産物 ・有機加工食品 ・有機畜産物
特色JAS	生産情報 ・生産情報公表牛肉　・生産情報公表豚肉 ・生産情報公表農産物　・生産情報公表養殖魚 取扱方法 ・有機料理を提供する飲食店などの管理方法 ・青果市場の低温管理 ・人工光型植物工場における葉菜類の栽培環境管理
試験方法JAS	・べにふうき緑茶中のメチル化カテキンの定量▶高速液体クロマトグラフ法 ・ウンシュウミカン中のβ－クリプトキサンチンの定量▶高速液体クロマトグラフ法 ・ほうれんそう中のルテインの定量▶高速液体クロマトグラフ法 ・生鮮トマト中のリコペンの定量▶吸光光度法

Chapter8
04

食品安全基本法

日本でBSE発症牛が発見された2001年以降、牛肉を巡っての牛肉産地偽装事件など、大きな混乱が生じました。食品安全基本法は、食品の安全を確保するための国の基本施策を定めた法律です。

食の品質問題に対する基本方針

2001年、日本で初めて**BSE**感染牛が確認されました。BSEは1986年に英国で発見された病気ですが、日本でのBSE発生は輸入飼料に感染牛の肉骨粉が配合されていたためと結論づけられました。それ以前にも基準値超えの残留農薬のホウレンソウが輸入されるなど、日本は国内外で食の安全に向き合う必要に迫られました。2003年に食品安全基本法が制定され、厚生労働省や農林水産省から独立した機関として、内閣府に食品安全委員会を設置することになりました。

BSE
牛海綿状脳症（Bovine Spongiform Encephalopathy：狂牛病）に感染した肉牛の神経組織を、ヒトが継続的に摂取すると神経疾患であるクロイツフェルトヤコブ病（CJD）を発症するリスクが増加することが英国で発表された。

所轄官庁から独立性を保つ食品安全委員会

食品安全委員会は、7名の専門家の委員会の下に16の専門調査会があります。専門調査委員会は大学や研究機関の専門家が、農薬、微生物などのハザード（危険要因）に関して行政の諮問を受け、安全性を評価する役割（リスク評価＝リスクアセスメント）を担っています。これまでBSEの原因たんぱく質である異形プリオンについての評価や、大豆に含まれるイソフラボンの安全な摂取量、油脂を含む食品の加熱加工によって生じるトランス脂肪酸、**遺伝子組み換え食品**についての安全性評価を行っています。新開発商品である特保（P.104）の安全性についても審査します。専門委員会が諮問に応じて不定期に開催されるのとは別に、特に専門性が必要なハザードに対しては調査・審議するワーキンググループ（WG）が招集されます。

遺伝子組み換え食品
除草剤耐性遺伝子や害虫抵抗性遺伝子を人為的に組み込んで収穫率を高めた大豆やトウモロコシ、病気に強いパパイヤなどの８種類の作物についてこれまで安全性が評価されている。これらの作物を加工した遺伝子組み換え食品も基本的に食べても安全とされる。

食品安全委員会とその組織

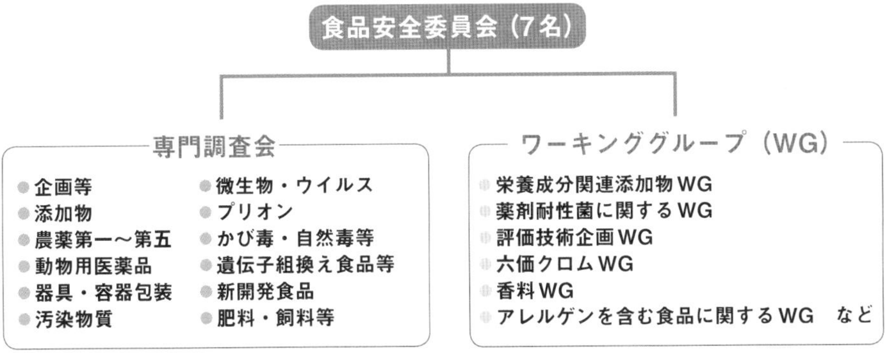

※企画等専門調査会は、食品安産委員会の運営計画を定めるなどしている。

食品の安全を守るしくみ

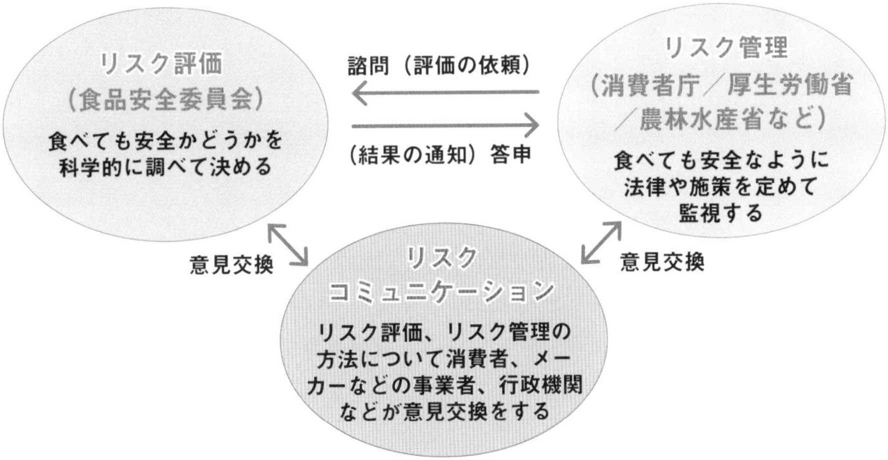

食品の安全を守るしくみ

食品安全委員会のリスク評価を基に、農林水産省や厚生労働省、消費者庁などの行政機関が省令の策定や通知などの必要な施策（リスク管理＝リスクマネジメント）を行います。これらのリスク評価やリスク管理を国民や事業者に周知するために、意見を募り、双方向の意見交換を行う必要があります。これをリスクコミュニケーションといい、リスク評価とリスク管理と３つ合わせてリスク分析（＝リスクアナリシス）と称し、安全確保のための国の基本的な体制としています。

Chapter8
05

食の安全に関する法律②

食品衛生法

食品の安全性を確保し、飲食による危害の発生を防止し、国民の健康を保護するための法律です。

食の安全を守る「食品衛生法」

食品の輸入、製造、流通、販売などにかかわる事業者が安全性を確保するために守らなくてはならない事項が定められており、医薬品、医療部外品を除いたすべての飲食物の基本となる法律です。食品は清潔で衛生的に扱わなくてはなりません。腐敗や**変敗**などで食べられないもの、毒物や、病原微生物、異物の混入・添加などで人の健康を損なう恐れのあるものの製造または販売を禁止しています。例えば、乳・乳製品の分類や規格は、「乳および乳製品の成分規格などに関する省令（乳など省令）」で細かく定められています。

変敗
本来の色や味が変わること。

食品添加物については、厚生労働大臣が認めた公定書に使用基準とともに記載することになっています。厚生労働省は、食品添加物の安全性について食品安全委員会（P.184）による評価を受け、人の健康を損なう恐れのない場合に限って、成分の規格や、使用の基準を定めたうえで、使用を認めています。2019年現在、指定添加物は463品目、既存添加物は365品目、天然香料は約600品目、一般飲食物添加物は約100品目となっています。

食品添加物
保存料、甘味料、着色料、香料など、食品の製造過程または食品の加工・保存などの目的で使用される。

農薬は、使用に当たって農林水産省の農薬取締法で規制されますが、食品中の残留農薬量については、**ポジティブリスト**で決められています。

農薬
殺菌剤、殺虫剤、植物成長調整剤、発芽抑制剤その他の薬剤をいう。

ポジティブリスト
食品中に過剰の農薬があっては健康被害をもたらすため、食品に残留してもよい農薬とその上限を定めたポジティブリストが食品衛生法で規定されている。

飲食店の営業に関して、保健所の許可を受けることも定められています。その際「食品衛生責任者」を置かなくてはなりません。

2018年法改正のポイント

食品の安全を脅かす事件の発生や、東京オリンピック・パラリ

食品衛生法が定めるもの

- 食品
- 食品添加物
- 農薬の残留
- 製造過程の衛生管理（HACCP）
- 行政の管理指導義務
- 食品検査
- 営業許可

など

新しい食品衛生法の改正のポイント

1. 広域的な食中毒事案への対策強化
2. HACCPに沿った衛生管理の制度化
3. 特別の注意を必要とする成分等を含む食品（一部の健康食品を指す）による健康被害情報の収集
4. 国際整合的な食品用器具・容器包装の衛生規制の整備
5. 営業許可制度の見直し、営業届出制度の創設
6. 食品リコール情報の報告制度の創設
7. 輸入食品の安全性確保、食品輸出関係事務の法定化に際しての安全管理

出典：厚生労働省「食品衛生法等の一部を改正する法律の概要」

ンピック2020開催など国際基準の管理制度が必要となったことなどに応じて、2018年に食品衛生法が改正されました。

7つの柱のうち食品産業に大きな影響を与えると考えられているのが、HACCPに関する改正です。これまで、HACCPは乳製品などの製造事業で義務化されていましたが、HACCPに沿った衛生管理の実施が、原則すべての食品関連事業者へと拡大されました。HACCPは行政や業界団体から認証を受けますが、事業者にとってかなりの負担となることが予想されています。そのため営業者の規模や業種などを考慮し、小規模の営業者については、取り扱う食品の特性などに応じ、HACCP制度の考え方を取り入れた食品衛生管理を行えばよく、認証の取得は不要とされています。

食品の安全を脅かす事件
21世紀になってから、賞味期限改ざん事件だけでなく大規模食中毒事件、薬物中毒事件などが次々と明らかになった。

「景品表示法」と「健康増進法」

消費者が不利益を被らないように不当な宣伝広告を禁止する景品表示法と、国民の健康を増進するための健康増進法について解説します。

不当な広告を禁じる「景品表示法」

不当景品類及び不当表示防止法（景品表示法）は、消費者庁が所管です。事業者が商品の広告や景品提供を行う際、うそや大げさな表現（不当表示）や過剰な懸賞で、一般消費者の判断を誤らせ不利益を被ることを防ぐための法律です。不当表示には、①実際のものや競合品よりも品質や規格が著しく優れていると誤解を与える「優良誤認」、②実際のものや競合品よりも価格や内容量が著しくお得であると誤認させる「有利誤認」があります。

食品の容器包装のみならず、売場のポスターやちらし、パンフレット、テレビ、ウェブ広告、セールストークなどが対象となります。食品では、効果が合理的に確認されていないダイエット食品、国産の乳牛肉なのに「和牛」と表示すること、無果汁なのに明示しなかったり果実の写真をパッケージに表示することなどが該当します。

健康増進に関する基本方針を定めた「健康増進法」

健康増進法は、人口の高齢化と生活習慣病の増加により肥大化した社会保障費を抑えるために2002年に制定されました。国民に健康増進の努力を課し、行政が果たすべき役割を定めた法律です。食生活、運動、休養、飲酒、喫煙、健診と保健指導などについての基本方針があり、食品に関しては、**特定給食施設**、特別用途食品について定められています。これらは厚生労働省が所管ですが、表示部分については消費者庁が所管となります。

特別用途食品は、乳児、病者、嚥下困難者などの健康の保持回復といった特別の用途のための食品で、表示には消費者庁長官の

特定給食施設
特定多数の人に継続的に給食を提供する施設で、栄養管理が必要とされているもの。施設の増加に伴い、管理栄養士・栄養士の配置も進んでいる。

景品表示法で禁じられている表示

優良誤認表示	商品・サービスの品質、規格、その他の内容についての不当表示。 （例）ダイエットをうたった商品が疑わしい場合、消費者庁はその裏付けとなる合理的な根拠を示す資料の提出を求め、資料が提出されない場合、不当表示とみなされる。
有利誤認表示	商品・サービスの価格、その他の取引条件についての不当表示。 （例）他社製品より分量が多いように誤認させる表示をした場合。
その他誤認される恐れのある表示	一般消費者に誤認される恐れがあるとして、内閣総理大臣が指定する不当表示。 （例）無果汁なのにそれと明示せず、果実名を用いた商品名、説明文、果実の絵、写真、図案を表示した場合。

特別用途食品の表示許可件数と内訳

特別用途食品の食品群			表示許可件数
病者用食品	許可基準型※1	低たんぱく質食品	13
		アレルゲン除去食品	5
		無乳糖食品	4
		総合栄養食品	4
		糖尿病用組合せ食品	0
		腎臓病用組合せ食品	0
	個別評価型※2		8
妊産婦、授乳婦用粉乳			0
乳児用調整乳		乳児用調整粉乳	12
		乳児用調整液状乳	2
えん下困難者用食品		えん下困難者用食品	18
		とろみ調整用食品	0
		合計	66

注　特定保健用食品を除く。
※1：「許可基準」に合致したもの。例えば「低たんぱく質食品」は、腎臓疾患でたんぱく質やカリウム、ナトリウムの摂取が制限されている患者用に、これらの成分が定められた範囲内に入っていれば許可を受けることができる。
※2：基準がなく申請食品ごとに審査され、医学的・栄養学的に認められたものが許可される。経口補水液や潰瘍性大腸炎疾患用食品がある。
出典：消費者庁（令和元年12月26日現在）

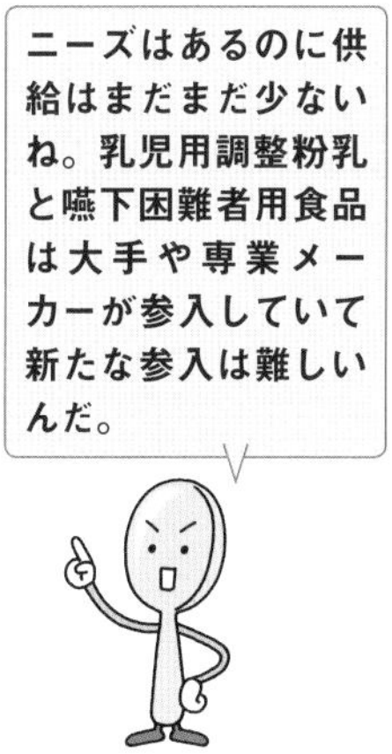

許可を得る必要があります。病者用食品には、腎臓病患者やアレルギー患者のための食品、経口補水液などがあります。乳児用調整乳はこれまで粉乳しかありませんでしたが、近年の災害時の避難所で輸入の液状ミルクが有用であったことから液状ミルクも追加されました。高齢化社会を反映して嚥下困難者食の許可件数も増えています。

Chapter8
07

消費者に正しく伝える法律

食品表示法

これまで食品衛生法、JAS法、健康増進法で定められていた食品表示に関する法律を2015年に統一し、消費者にわかりやすい表示を目指したものです。

食品の内容表示を定める「食品表示法」

消費者庁が所管する食品表示法は、食品に記載すべき事項を定めたものです。詳細は内閣府令の食品表示基準で定められており、対象は製造・加工され容器包装された「**加工食品**」と、農産物、畜産物、水産物などの「生鮮食品」に分かれます。さらにそれぞれ「一般用」と「**業務用**」が定められています。

一般用加工食品では、名称、原材料名（多いものの順に記載）、添加物、内容量または固形量と**内容総量**、消費期限または賞味期限、保存方法、食品関連事業者の氏名と住所、製造所の所在地と製造者の氏名、栄養成分の量と熱量を横断的義務表示（共通項目）として記載することとなっています。また、一定の要件に該当する場合に表示が必要になる事項として、アレルゲン（アレルギー原因物質）、遺伝子組換え食品（P.184）、保健機能食品（P.17）などの表示についての表示基準があります。

これまで栄養成分表示は任意表示でしたが、2020年４月より原則として、すべての容器包装された一般用加工食品と添加物に栄養成分表示が義務化されました。表示すべき栄養成分は、熱量（カロリー）、たんぱく質、脂質、炭水化物、ナトリウム（食塩相当量に換算したもの）です。

加工食品
保存性を高める、調理しやすくする、おいしさを増す、消化・吸収しやすくするなどの目的で加工される。

業務用
業務用食品に関しては、その食品に関する知識がある事業者間であることを前提に、一般用に比べ表示項目が簡略化されている。

内容総量
固形物と液体を合わせた総重量のこと。

健康機能に関するルール

特定保健用食品（特保）、機能性表示食品、栄養機能食品が保健機能食品です。特保では、「特定保健用食品である旨」「許可表示の内容」「栄養成分（関与成分）の量及び熱量」「１日当たりの摂取目安量」「摂取の方法、摂取をする上での注意事項」「バラン

アレルゲンに関する表示

義務表示（7品目）

卵、乳、小麦、ソバ、エビ、カニ、落花生

推奨表示（21品目）

アーモンド、アワビ、イカ、イクラ、オレンジ、カシューナッツ、キウイフルーツ、牛肉、クルミ、ゴマ、サケ、サバ、大豆、鶏肉、バナナ、豚肉、マツタケ、モモ、ヤマイモ、リンゴ、ゼラチン

出典：消費者庁「アレルギー表示に関する情報」

遺伝子組み換えされている8作物

8品目

大豆、トウモロコシ、ジャガイモ、菜種、綿実、アルファルファ、てん菜、パパイヤ

出典：消費者庁「遺伝子組み換え食品」

加工食品に記載されている表示（例）

名称	焼き菓子
原材料名	小麦粉、砂糖、バター、卵、食塩
添加物	乳化剤、香料、カラメル色素、膨張剤
内容量	24枚
賞味期限	2020年9月30日
保存方法	直射日光を避け、常温で保存
製造者	○○食品（株）　○○県○○市○○町

栄養成分の表示

食品単位当たり	
熱量	○kcal
たんぱく質	○g
脂質	○g
炭水化物	○g
ナトリウム	○mg
（食塩相当量）	○g
ビタミンC	○mg

保健機能食品の分類

	保健機能食品			特定用途食品
	特定保健用食品	栄養機能食品	機能性表示食品	
表示要件	国（消費者委員会）の審査・許可	栄養素が基準に入っていれば表示	ガイドラインに沿った科学的根拠を届出	内閣総理大臣（消費者庁）の審査・許可
表示文言	個別審査（健康の維持増進）	定型文	事業者の責任で表示国の許可を受けたものではない旨を記載	許可内容に沿った表示
対象品	食品	n-3系脂肪酸、ミネラル、ビタミン	食品（生鮮食品を含む）	食品
対象者	健常者	特定の栄養成分の補給を目的にする者	健常者	乳児、幼児、妊産婦、病者
所轄法	食品表示法 健康増進法	食品表示法	食品表示法	健康増進法
マーク	消費者庁許可 特定保健用食品	なし	なし	消費者庁許可 区分

スのとれた食生活の普及啓発を図る文言」を表示します。

また、任意の表示として、「栄養強調表示」があります。熱量または栄養成分が、「強化された」場合や、反対に「含まない（ゼロ、ノン）」「低い（低、ライト）」「低減された（オフ、カット）」または「無添加、不使用」の旨を表示したい場合は、定められた基準に従って表示することができます。

COLUMN 8

食の未来は？　ゲノム編集食品

あらゆる食品は遺伝子から作られている

私たちが普段口にしているほとんどは、動物や植物などの生物に由来しています。生物の基となるのは設計図である遺伝子（DNA）で、ここに書かれている遺伝情報に従って、アミノ酸をつなげたんぱく質が作られます。たんぱく質はアミノ酸の並び方（配列）によってさまざまな機能を示し、動物の筋肉の構成成分や植物たんぱく質となり、その種類は数万といわれています。その中でも酵素は、糖質などのでんぷんを作ったり、エネルギーを発生させたり、脂肪を分解、合成したりするなどの役割を持ち、これらの働きにより生物の構成単位である細胞ができ、異なる機能を持った細胞が組み合わさって、植物や動物の体ができます。

遺伝子組み換え食品とゲノム編集食品

遺伝子組み換え生物（Genetically Modified Organism：GMO）とも呼ばれ、本来その作物が持っていない外来遺伝子を組み込んだものをいいます。除草剤耐性遺伝子を組み込んだ菜種、病害虫に強い遺伝子を組み込んだジャガイモや、オレイン酸を多く作る遺伝子を組み込んだ大豆などがあります。生物を人為的に作ることになるため、厳しい安全性審査がなされます。日本では8作物の食品の流通が認められています。

ある遺伝子を働かなくさせるゲノム編集技術（Genome Editing）によって、ソラニン毒素を作らないジャガイモや筋肉量を抑える機能を壊した肉厚のタイ、GABAという血圧を下げる機能成分を多く作ることのできるトマトなどが開発されています。厚生労働省は、元来ある遺伝子が働かなくなったり、変化したりする突然変異は自然界でも一定程度起こっていることをふまえ、こうした開発を法的に規制しないことを2019年に判断しました。しかしながら、ゲノム編集技術は30年以上の歴史がある遺伝子組み換え技術に比べ、10年未満と新しく、どのような影響があるかまだ不明な部分もあり、欧州では慎重な考えもあります。

第9章

食品業界の課題と将来

これまで見てきたように、食品業界は人々の生活と切り離すことのできない業界です。輸出をめぐっては国家間の調整が必要であり、安全はもちろんのこと、未来に向けて環境にも配慮した活動が必須です。この章では、食品業界の抱える課題と未来の展望を見ていきましょう。

Chapter9
01

グローバル化

食品をめぐる貿易協定

グローバル化の現代、さまざまな食品が輸出入されており、相手国との良好な関係を維持する必要があります。日本が結んでいる貿易協定について見てみましょう。

戦後、さまざまな貿易協定が結ばれた

戦後の世界経済は、関税をかけて自国の産業を守る保護貿易主義から、関税を下げる、もしくは撤廃して貿易を活発化させる自由貿易主義へと潮流が変化してきました。1948年にGATT（関税および貿易に関する一般協定）が発足し、1986～1994年のGATTウルグアイラウンドなどを経て、主に鉱工業品分野での関税引き下げが進みました。1995年にWTO（世界貿易機関）が発足しましたが、その後、全世界を包括する自由貿易協定の実現は難航し、２国間もしくは地域間での貿易協定が進んでいます。

FTA（自由貿易協定）は、2カ国以上の国・地域が関税、輸入割当など貿易制限的な措置を一定の期間内に撤廃・削減することを定めた協定のことです。EPA（経済連携協定）は、FTAに加えて、投資、政府調達、知的財産権、人の移動、ビジネス環境整備など広範囲な取り組みを含む協定を指します。

現在、日本はTPP11（環太平洋パートナーシップ協定）、日EU・EPAを締結しており、日中韓FTA、RCEP（東アジア地域包括的経済連携、16カ国）は交渉中です。RCEPが実現すれば世界の人口の約半分である34億人、世界のGDPの3割に当たる20兆ドル、世界の貿易総額の約3割に当たる10兆ドルを占める広域経済圏が実現することになります。

これらの協定を締結することにより、企業にとっては輸出や海外展開の環境が整い、消費者にとっても輸入食品値下げなどの恩恵があります。

また、各国と２国間協定を締結しており、2019年には米国との２国間協定が締結されました。

GATT
General Agreement on Tariffs and Trade。日本は1955年に加入。

WTO
World Trade Organization。164の国と地域が加盟している。

FTA
Free trade Agreement。

EPA
Economic Partnership Agreement。

TPP
Trans-Pacific Partnership Agreement。元々は米国を含む12カ国の間で2016年に締結されたが、トランプ政権の米国が離脱を表明し、米国抜きの11カ国で発効となった。交渉時、米国から安い米国米が流入し、米農家が潰れるという懸念から農業関係者の反対が多かった。

日本を中心に見た自由貿易協定

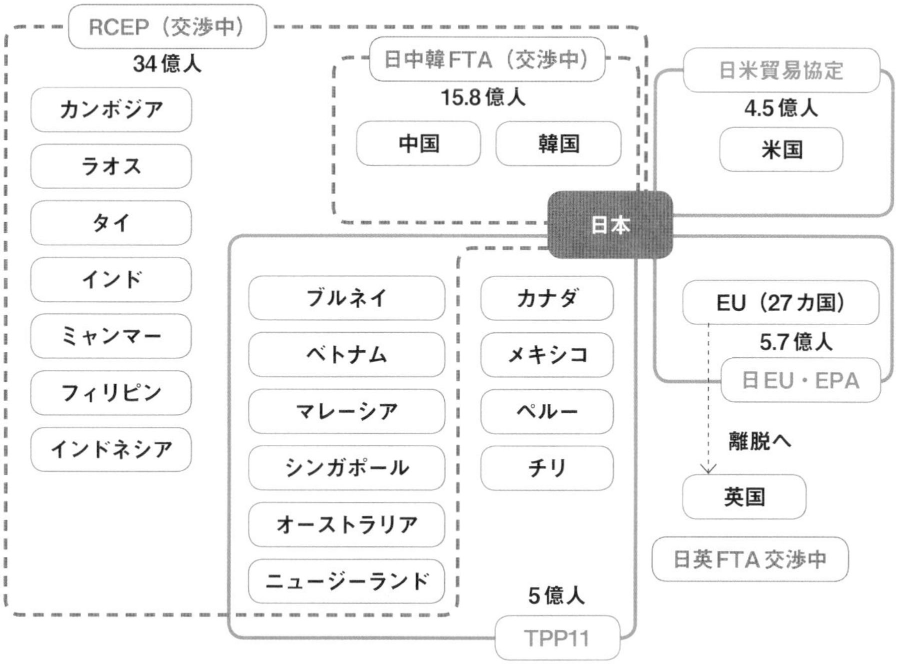

貿易協定の効果に期待

すでに協定を結んでいる国にはアジア諸国が多いため、アジア諸国との食品の輸出入は好調です。

EUとのEPA（日・EU経済連携協定）では、EUから輸入するワインやチーズ、パスタなどの値段が下がり、消費者への恩恵となります。フランスなどの国々への日本酒や緑茶の輸出は、日本食への関心の高まりが追い風になると期待されています。また、TPPによりオーストラリア、ニュージーランドなどの農業国からの乳製品の一部の関税は維持され、食肉の関税は下がります。米国との2国間協定では、米国からの米の輸入関税は変わらず、牛肉、乳製品などの輸入関税はTPPと同水準に下げることが決まりました。

RCEP
Regional Comprehensive Economic Partnership。アールセップ。

Chapter9
02

農産物の安全、品質に関する規範

経済のグローバル化に伴い、農業においても、食品や労働の安全確保と環境を守っていくための国際的な規範であるGAPを取り入れる例が増えてきました。

GAP認証で信用性がアップ

GAP（Good Agricultural Practice：農業生産工程管理）とは、農業で食品安全や環境保全、労働安全などの持続可能性を確保するための、生産工程管理の取り組みのことです。日本の多くの農業者や産地がGAPを取り入れることにより、農業の持続可能性の確保、競争力の強化、品質の向上、農業経営の改善や効率化が実現されます。例えば、2021年開催予定の東京オリンピック・パラリンピックでは、選手村の食堂で用いる農産物はGAP認証のものが積極的に採用されることになっています。農産物を輸出する際にも、信用性が高くなります。

国内の取得状況ですが、最も国際的な規範であるGLOBAL G.A.P.は702カ所、日本GAP協会が運営する規範であるASIAGAPとJGAPはそれぞれ1,872カ所、2,863カ所の経営体が認証を取得しています（2019年3月時点）。今後も、認証された経営体の増大が見込まれます。

GAP
GAPの規範は詳細に決まっているものではなく、都道府県やJAが作物ごとに実情に合わせて定める。全国的なJGAPや国際的なASIAGAP、GLOBAL GAPになると、より厳しい規範をクリアする必要がある。

持続可能性
農作業において、農薬の撒き過ぎで環境破壊を起こし、次の年に作物ができなかったり、危険な農作業で作業者がケガをして農業を継続することができないと、持続可能な農業とはいえない。

GAPはPDCAで運用する

GAPは、作業工程をリスト化し、作業ミスの記録を残しておくなどを行うもので、食品安全、環境保全、労働安全、人権保護、農場経営管理の5分野で取り組みます。

食品安全は、ほ場《じょう》環境の確認と手洗い設備設置などの衛生管理、農薬を使用する際の表示内容の確認、収穫時の異物混入の防止対策などのルールを設定します。

環境保全については、病害虫が発生しにくい環境づくり、施肥《せひ》基準などに合った施肥、廃棄物を分別するなど適正な処理、適正

ほ場
作物を育てる水田や畑のこと。

施肥
生育をよくするため、土壌に肥料を施すこと。

GAPの取り組み状況

導入産地数の推移

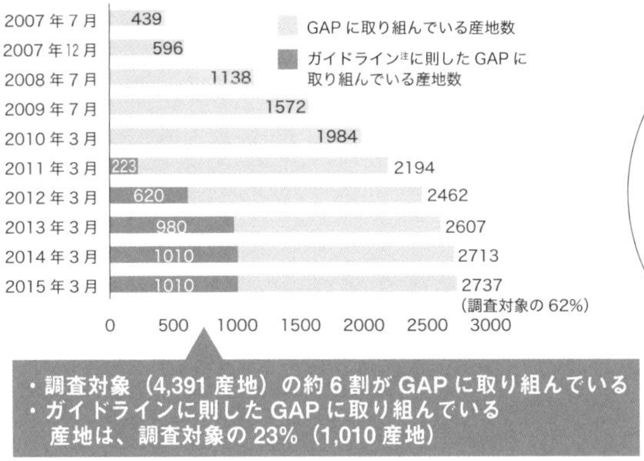

導入しているGAPの種類

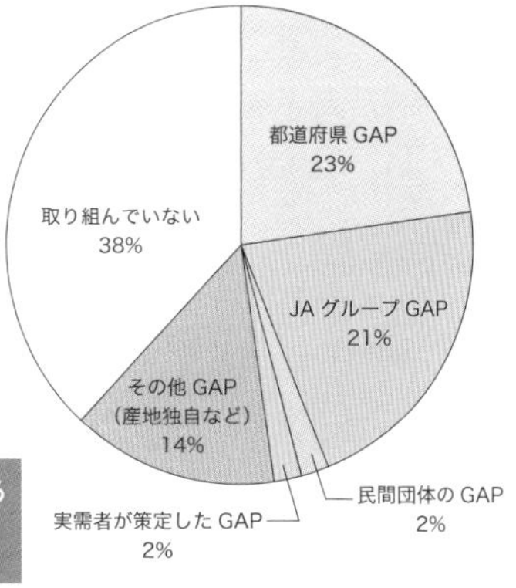

注:GAPの共通基盤に関するガイドライン(2010年)。この法令上の義務をすべて満たし、かつ法令上の義務以外の項目の8割以上の項目を満たしたものがガイドラインに即したGAP。

出典:農林水産省調べ(2015年3月末現在)

日本におけるさまざまなGAPの構成と特徴

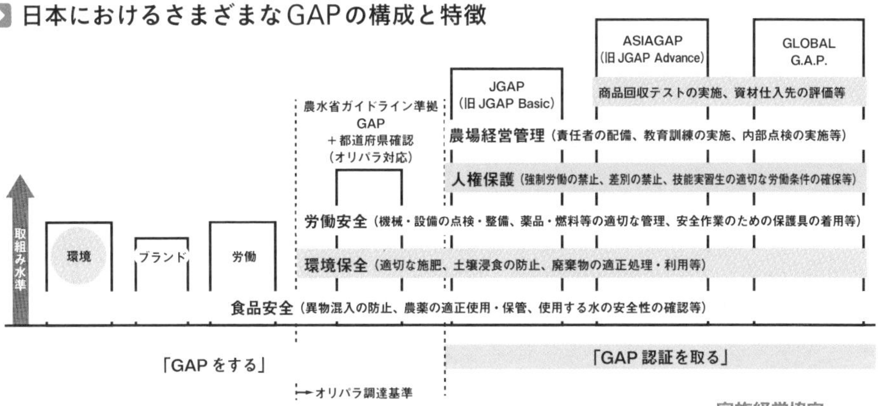

出典:農林水産省

な作業基準を策定します。

労働安全については、危険な作業などの把握、機械の安全装備などの確認、農薬や燃料の適切な管理など、作物ごとに項目があります。

農業経営では、責任者の配置や教育訓練の実施を行うことや人権保護の観点から**家族経営協定**の締結、**技能実習生**の作業条件を守ることが求められます。

これらの実施点検項目を策定(Plan)、実施・記録を行い(Do)、点検(Check)、見直し(Action)する、いわゆるPDCAサイクルを行います。

家族経営協定

家族経営であっても、作業者に休憩時間や快適な作業環境について話合い、記録を残す。

技能実習生

発展途上国から、技術を習得しその国の発展に貢献する目的で国が受け入れる外国人。安価な労働力として低賃金、粗悪な労働環境で働かせていた事案が問題となった。

Chapter9
03

食の安全②

食品安全マネジメントシステムの普及

食の安全を確保することは必要不可欠なことです。そのような中、食品の安全を担保する国際的なマネジメントシステムの取得が、ますます求められています。

HACCPによる製造管理が義務化

HACCP（Hazard Analysis and Critical Control Point＝危害要因分析重要管理点。ハサップまたはハセップ）は、1960年代、アメリカのアポロ計画の中で安全な宇宙食の製造のために、NASA（アメリカ航空宇宙局）で開発された品質管理手法です。原材料の入荷から食品の製造、包装、出荷までの製造工程の中で、何が危害要因（健康を害する可能性のある物質または状態）になり得るかを分析し、その要因を重点的に管理します。例えば微生物による腐敗を考えた場合、加熱殺菌工程の温度、保持時間が規定どおりであることをモニタリングすることで、微生物に汚染される確率が低くなります。そのため、従来の完成した製品を抜き取りサンプリングし微生物検査を実施する方法に比べ、正確性と検査効率が高まります。

改正食品衛生法（P.186）で、2020年から原則すべての製造工場でHACCPに基づく製造管理が義務化されました。

ISO22000とFSSC22000とGMPも注目

国際的な取引をスムーズにするため、製品やサービスの品質、レベルについて国際的に共通する基準（規格）を制定することを目的とした非政府機関に、**ISO**（国際標準化機構）があります。ISOはサービスや製品の質を保証し顧客満足度を高めるための品質マネジメントシステムとして、国際的規格ISO9000シリーズを策定しました。

ISO9000にHACCPを取り入れ、食品工場の建屋のレイアウト、製造設備の洗浄やメンテナンス、作業員の衛生などについて定め

ISO
本部はスイスのジュネーブ。1947年、ロンドンで設立された。規格の制定や改訂は日本を含む世界162カ国（2018年現在）の参加国の投票によって決まる。

HACCPによる管理の例

原材料
↓ 受け入れ検査・記録
調　合
↓ 調合比率の確認・記録
充　填
↓ 温度、充填量の確認・記録
密　封
↓ 密封性の確認・記録
熱処理　重点管理点（CCP）
↓ 殺菌温度／時間を連続的に監視
冷　却
↓ 水質、水温の確認・記録
包　装
↓ 衝撃、温度の確認・記録
出　荷

食品業界に関連する国際規格

ISO
International Standard Organization。
製造業全般の9001、食品安全マネジメントの22000など。

FSSC
Food Safety System Certification。

SQF
Safe Quality Food。
食肉など。

GMP
Good Manufacturing Practice。
cGMP、医薬品GMP、健康食品GMPなど。

たのがISO22000です。ISO22000は、製造工程を含めた企業全体の管理を行い、食品の安全性を保証するための食品安全マネジメントシステムです。食品製造業だけでなく、農業から流通、小売にまで適用されますが、特に食品工場での認証取得が増えています。

ISO22000の内容をさらに具体的に定めたのが、オランダのFFSC（食品安全認証財団）が認証するFSSC22000です。製造工程のみならず、食品工場の建屋や設備のメンテナンス、労務など、ハードとソフトの両面で食品の安全を担保するものです。

医薬品の製造工場においては、適正製造規範であるGMP（Good Manufacturing Practice）に基づいて、製造管理、品質管理を行っています。日本健康・栄養食品協会や日本健康食品規格協会が認定する健康食品GMP認証は、タブレットやソフトカプセルなどの形状を取るサプリメントでよく取得されています。

イオンやマクドナルドが参画している非営利団体GFSI（Global Food Safety Initiative）は、FSSC22000やSQF（Safe Quality Food）を取得した加工工場で製造された食品を採用しています。

Chapter9
04

スマート農業への期待

ICT技術の発達により、これまでの経験頼りで重労働であった農作業が省力化、効率化されるようになりました。安定した収穫が見込める産業へと変化が進んでいます。

省力化への取り組み

露地栽培では基本的に屋外作業が中心です。重労働のイメージから若者が就きたがらず、高齢化や後継者不足が問題となっていた農業ですが、無人機械による省力化が期待されています。

これまでも、トラクターや田植え機、**コンバイン**などの機械はありましたが、1区画の面積が狭い日本の耕地では小型の機械しか導入できません。そのため、1人当たりの作業効率という点ではアメリカやオーストラリアのような大型機械を使用している農業国と比べて不利でした。

現在は農地の集約化の取り組みと併せて、広い面積の農地に対応した無人機械が開発されています。農機具メーカーのクボタが開発した無人トラクター、無人田植え機、無人コンバインのアグリロボシリーズがそれです。カーナビゲーションシステムに使われている**GPS**により自機の位置を把握し、入力した耕地地図にしたがって自動的に農作業をこなしていくものです。1区画の面積が広いほど作業効率は高まります。今のところ、価格が1千万円以上と高額である点が課題です。

高齢者や女性など重い収穫物の積み下ろしが困難な作業者には、upr社が開発したアシストスーツがあります。持ち上げや持ち下げの際にかかる作業者の腰をはじめとした身体的負担を、電動モーターの力で軽減するしくみです。

コンバイン
稲や麦などの穀物の刈り取りと脱穀、わらの断裁を行う機械。

GPS
Global Positioning System（全地球測位システム）は、測位衛星からの電波を受けることで、地球上での自機の位置を数センチの誤差で知ることができるシステム。

ドローン
無人航空機。現在では、4個以上のローターを持ったヘリコプター型の小型のものを指すことが多い。カメラやセンサーを搭載し、無線操縦や自律操縦で、上空から施肥や生育状況などを観察することができる。

作柄
農作物のできの良否を示すもの。

効率化と安定化への取り組み

気温、湿度、日射量、風向風速などのセンサーや監視カメラ、**ドローン**により、気象条件や**作柄**をモニタリングすることで、最

スマート農業を構成する要素

スマート農業に参入する企業

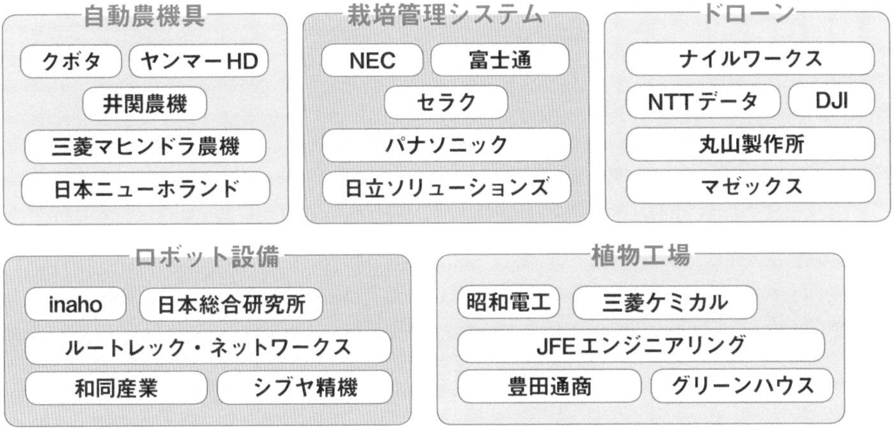

適な時期に最適な施肥や給水ができるシステムがあります。人工衛星から作柄を判断する技術なども、NEC、日立ソリューションズ、ナイルワークスなどのICT企業が開発しています。ハウス栽培での自動収穫ロボットや自動施肥システムは、inahoやルートレック・ネットワークといった企業が実用化しています。いずれも栽培の効率化と安定収穫をもたらす技術です。

異業種からの参入もみられる植物工場

植物工場とは、閉鎖的または半閉鎖的な空間において、栽培期間の全部もしくは一部で機器を利用して内部環境などを制御することで、季節を問わず計画的な植物や野菜の栽培を可能にするシステムです。各種センサーと連動したLEDライトや自動給水装置など、ICT技術による省力化が図られています。JFEエンジニアリングや昭和電工など、異業種からの参入があります。

Chapter9
05

業界の未来②

ICTによるロジスティックスの効率化

ICTの発達により、ロジスティックスの省力化、効率化が進んでいます。情報をすばやく処理し、物流を効率化するしくみが活用され、急速に普及しています。

ロジスティックスの効率化が欠かせない

ロジスティックスとは、原材料の調達から製品の生産・在庫・販売に至る「物の流通」、またその流れを合理的に組み立て統制する管理活動のことです。食品産業では、主に製品が製造工場の倉庫から出荷され、物流センターで仕分けられ、小売店に届けられるまでのサプライチェーンを指します。

商品を届ける「物流」だけではなく、購買データ・発注データ・在庫データ・位置データなどさまざまな情報をリアルタイムで処理し、物流を効率化することでコストを削減する努力が続けられています。

例えば、食品に付いているバーコードはJAN（Japanese Article Number）コードと呼ばれ、流通コードとして商品パッケージなどに表示され、コンビニエンスストアやスーパーを中心に広く利用されているPOSシステムで活用されています。また、ITFはインターリーブド2of5（Interleaved Two of Five）の略で、主に段ボール（ケース）などの集合包装用商品コード用のバーコードとして利用されています。これらの商品情報は、受注や発注、出荷や納品など流通にかかわる一連の取引を電子データでやりとりするしくみであるEDI（電子的データ交換＝Electronic Data Interchange）や、より高速化・標準化した流通**BMS**（流通ビジネスメッセージ標準＝Business Message Standards）で活用されています。BMSは経済産業省により2007年4月に制定され、データを高速かつ低コストで交換することができるようになりました。現在、より多くの情報を扱うことのできる**ICタグ**も急速に普及しています。バーコードに比べて多くの情報を書き込むことができ、タグ自体の生産コストも低下していることが要因です。

BMS
EDIが発注者と受注者間で個別に設置した電話回線を使っているのに対し、流通事業者（メーカー、卸、小売）が統一的に利用できるEDIの標準仕様のしくみのこと。

ICタグ
無線で情報の読み出しや書き込みが可能なICチップを内蔵した荷札。RFID（Radio Frequency Identification）ともいう。

JANコードの体系

標準タイプ（13桁）　短縮タイプ（8桁）

4 569951 116179
① ② ③

①GS1事業者コード
（JAN企業コード）
②商品アイテムコード
③チェックデジット

4996 8712
① ② ③

①GS1事業者コード
（JAN企業コード）
②商品アイテムコード
③チェックデジット

出典：一般財団法人流通システム開発センター

ITFコード

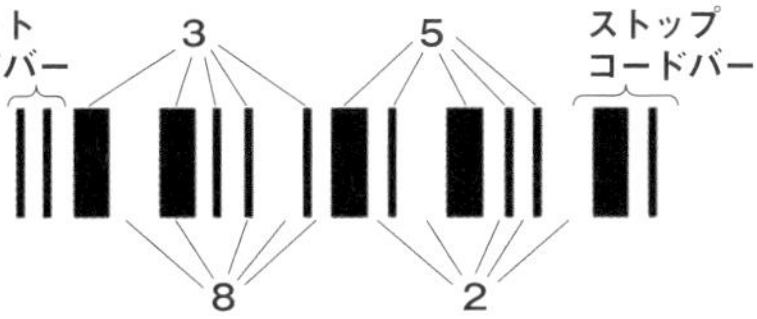

出典：株式会社エキスパート「バーコード講座」

ICTを活用したロジスティックス

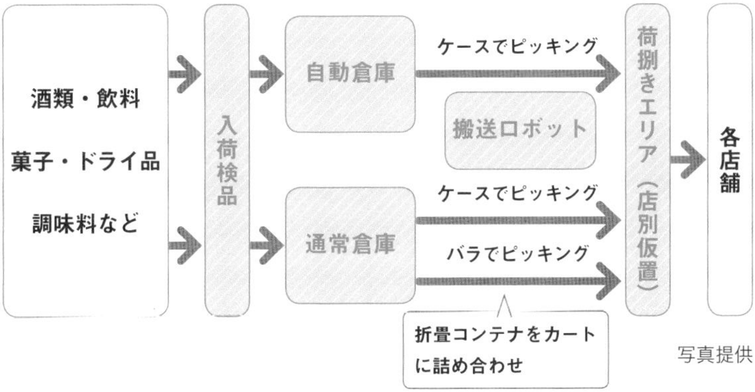

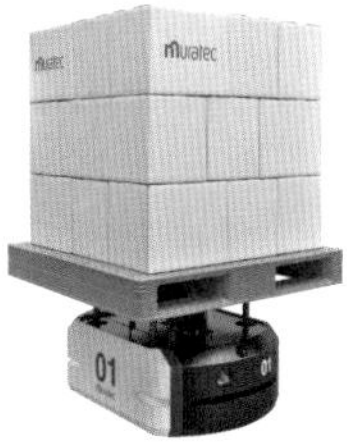

無人搬送ロボット

写真提供：村田機械株式会社「Premex XIO」

ICTを活用した自動倉庫

倉庫業務の省人化も進んでいます。自動エレベーターや無人**ピッキング**マシンが行き来する立体倉庫は、前述のITFコードやICタグの情報に基づいて、コンピューターで制御されています。食品業界においても、ますます拡大していくと思われます。製造ラインで段ボール詰めされた商品は、パレタイザーでパレットに積まれ、無人搬送ロボット（AGV）で倉庫まで運ばれ、無人フォークリフトや自動エレベーターで決められた棚に収められます。区画は電子的な番地が振られており、出荷の際には自動でピッキングされ、荷捌きエリアまで全自動で運ばれます。

ピッキング
発送する商品を倉庫から取り出す作業。パレットに積まれたままやケース単位で荷捌きエリアまで運ばれるが、商品1個単位（バラ）でコンテナに異種同梱で出荷される場合がある。この場合ロボットアームがついたピッキンマシンが用いられる。

付章　食に関する主な資格

職務に必要な資格や取得しておいたほうがよい資格、食関連のさまざまな資格を紹介します。

国家資格・公的資格

管理栄養士

病気の人や高齢で食事が摂りづらくなっている人、健康な人一人ひとりに合わせて専門的な知識と技術を持って栄養指導や給食管理、栄養管理を行います。大学などの養成課程を修了して栄養士の免許を得、さらに所定の科目を修得し、国家試験受験資格を得ます。試験内容は①社会・環境と健康、②人体の構造と機能および疾病の成り立ち、③食べ物と健康、④基礎栄養学、⑤応用栄養学、⑥栄養教育論、⑦臨床栄養学、⑧公衆栄養学　⑨給食経営管理学です。

栄養士

主に健康な人を対象にして栄養指導や給食の運営を行います。大学、短大、専門学校の養成課程を修了すれば免許が与えられます。給食等施設により、置かなくてはならない栄養士または管理栄養士の数が定められています。

調理師

飲食店や学校、病院の給食で料理を作る仕事です。免許がなくても業務はできますが、調理師を名乗ることはできません。調理師学校で1年以上学ぶか、飲食店などで2年以上実務経験を積んだ後、国家試験に合格することが必要です。試験内容は①食文化概論、②公衆衛生学、③栄養学、④食品学、⑤食品衛生学、⑥調理理論です。

製菓衛生師

菓子職人やパン職人は資格がなくても従事することができますが、従事する人の資質を向上させ、公衆衛生の向上および増進に寄与するための国家資格です。菓子専門学校で1年以上学ぶか、菓子製造業で2年以上実務経験を積んだ後、製菓衛生師試験に合格することが必要です。試験内容は①衛生法規、②公衆衛生学、

③栄養学、④食品学、⑤食品衛生学、⑥製菓理論、⑦製菓実技です。

食品衛生管理者・食品衛生監視員

乳製品、食品添加物、食肉製品、食用油脂など、特定の食品を製造等する施設に１名置く必要のあるものです。医学、獣医学、畜産学などの大学を卒業した人、登録を受けた養成施設の課程を修了した人などの任用資格です。

食品衛生責任者

飲食店や販売店、食品製造施設など営業許可施設ごとに１名置く必要のあるものです。各自治体で養成講習を受講し資格を取得します。医師、栄養士、調理師、製菓衛生師などの有資格者は受講を免除されます。

民間資格

フードスペシャリスト

栄養から流通まで、食に関する幅広い知識と技術を身につけた食の専門家です。日本フードスペシャリスト協会の認定を受けた大学・短大で単位を取れば受験資格を得ます。

フードコーディネーター

新しい食の「ブランド」「トレンド」を創る、食の「開発」「演出」「運営」のクリエーターです。３級から１級まであり、日本フードコーディネーター協会が資格認定試験を行います。または協会認定校で所定の単位を取れば３級資格認定試験が免除されます。

食プロ（食の６次産業化プロデューサー）

食の６次産業化を担う人材の認定・育成を目的としています。６レベルがあり、食農共創プロデューサーズが認定します。

NRサプリメントアドバイザー

消費者に対して「保健機能食品」「サプリメント」について、専門的観点から個人個人の栄養状態を評価し、適切にアドバイスできる人材です。日本臨床栄養協会が認定する資格で、協会員となり通信講座で所定の単位を取得すると認定試験の受験資格を得ます。

索引

た行

な行

は行

ま行

や・ら・わ行

著者紹介

松岡 康浩（まつおか やすひろ）

〈1章、2-01～06、3～6章、8～9章、COLUMN 1～8〉

博士（農学）。実践女子大学 生活科学部 食生活科学科 准教授。雪印乳業（現雪印メグミルク）、日本コカ・コーラ、資生堂などの研究開発職を経て現職。専門は食品機能、フードシステム、食品開発。

竹田 クニ（たけだ くに）

〈2-07、7章〉

株式会社ケイノーツ代表取締役。日本フードサービス学会会員。ホットペッパーグルメ外食総研 エヴァンジェリスト。リクルートで29年間勤務の後独立。マーケティングを中心にコンサルティング、セミナー・研修、食のBtoBマッチングなどを行っている。

■装丁　井上新八
■本文デザイン　株式会社エディポック
■本文イラスト（食品素材以外）　浅羽ピピ
■担当　橘浩之
■編集／DTP　株式会社エディポック

図《ず》解《かい》即《そく》戦《せん》力《りょく》

食《しょく》品《ひん》業《ぎょう》界《かい》のしくみとビジネスが
これ1冊《さつ》でしっかりわかる教《きょう》科《か》書《しょ》

2020年 7 月 3 日 初版　第1刷発行
2023年11月21日 初版　第3刷発行

著　者　松岡《まつおか》 康浩《やすひろ》・竹田《たけだ》 クニ《くに》
発行者　片岡　巌
発行所　株式会社技術評論社
東京都新宿区市谷左内町21-13
電話　03-3513-6150　販売促進部
03-3513-6185　書籍編集部
印刷／製本　株式会社加藤文明社

ISBN978-4-297-11365-0 C0036　Printed in Japan

◆お問い合わせについて

- ご質問は本書に記載されている内容に関するもののみに限定させていただきます。本書の内容と関係のないご質問には一切お答えできませんので、あらかじめご了承ください。
- 電話でのご質問は一切受け付けておりませんので、FAXまたは書面にて下記問い合わせ先までお送りください。また、ご質問の際には書名と該当ページ、返信先を明記してくださいますようお願いいたします。
- お送りいただいたご質問には、できる限り迅速にお答えできるよう努力いたしておりますが、お答えするまでに時間がかかる場合がございます。また、回答の期日をご指定いただいた場合でも、ご希望にお応えできるとは限りませんので、あらかじめご了承ください。
- ご質問の際に記載された個人情報は、ご質問への回答以外の目的には使用しません。また、回答後は速やかに破棄いたします。

◆お問い合せ先

〒162-0846
東京都新宿区市谷左内町21-13
株式会社技術評論社　書籍編集部

「図解即戦力
食品業界のしくみとビジネスが
これ1冊でしっかりわかる教科書」係

FAX：03-3513-6181

技術評論社ホームページ
https://book.gihyo.jp/116